HOW IT WORKS

最先端ビジュアル百科

「モノ」の仕組み図鑑 1

宇宙探査機・ロケット

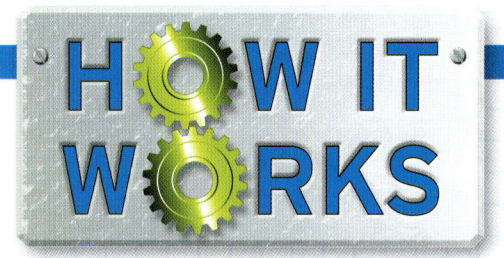

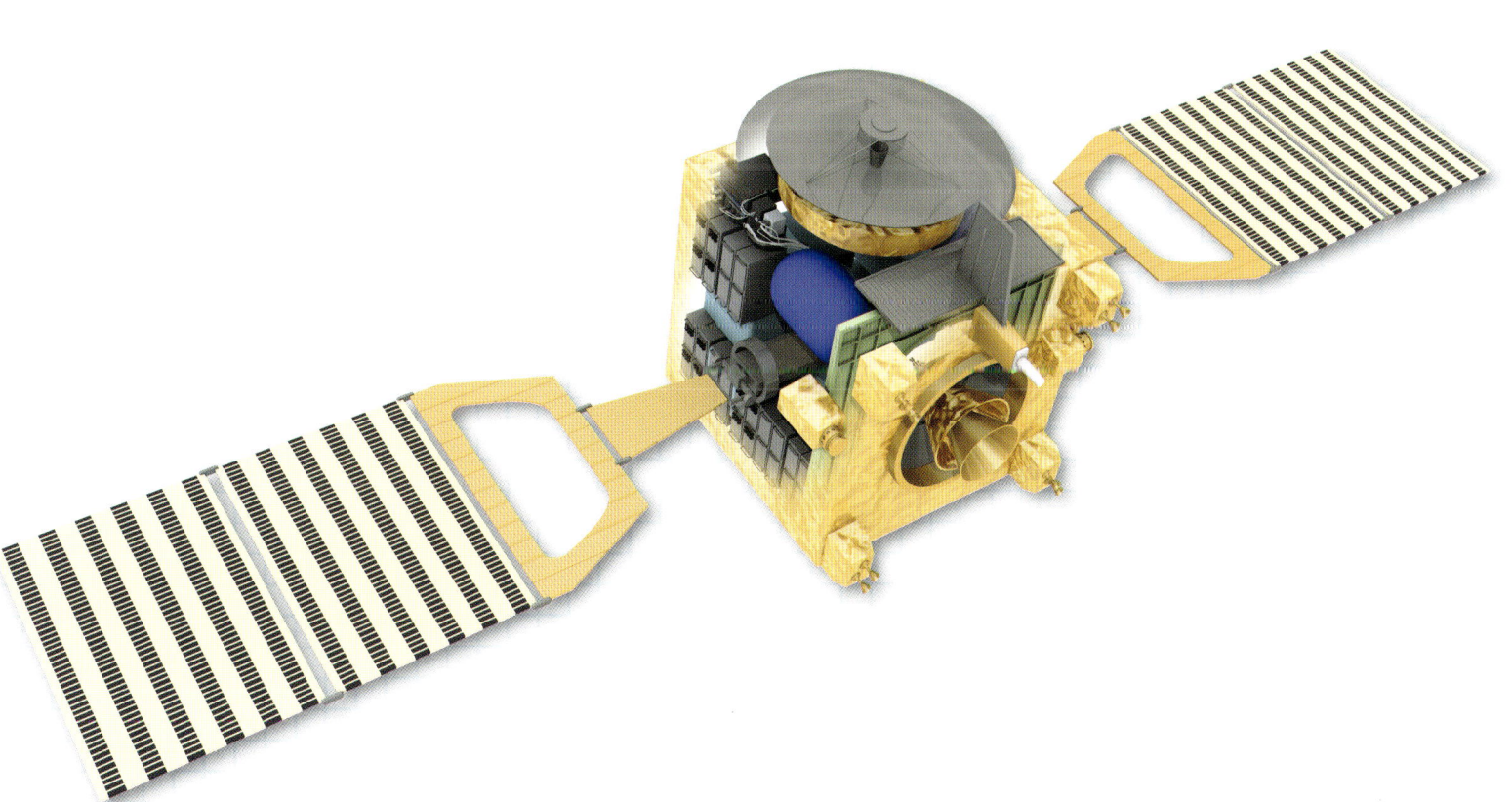

ゆまに書房

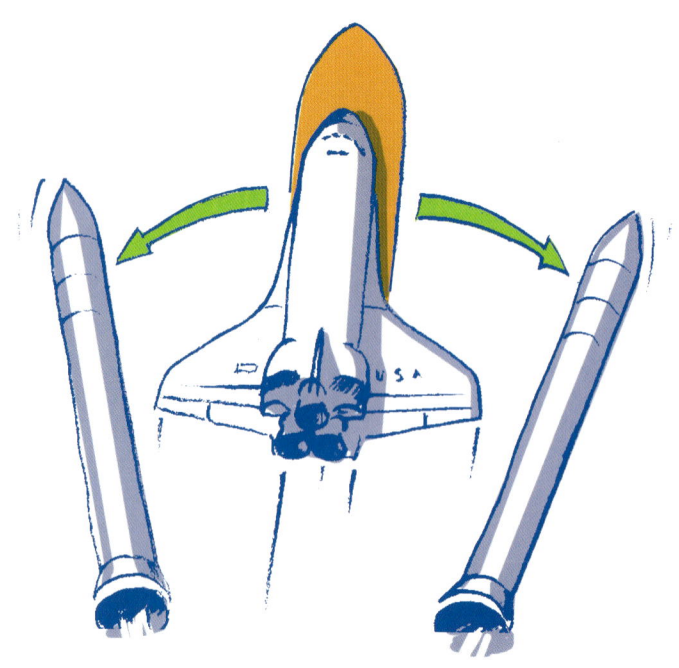

ACKNOWLEDGEMENTS

All panel artworks by Rocket Design
The publishers would like to thank the following sources for the use of their photographs:
Corbis: 7 Bettman; 11 Roger Ressmeyer
Rex Features: 13 Everett Collection; 23 Denis Cameron; 31 Sipa Press; 33 Scaled Composites
Science Photo Library: 4; 9 Ria Novosti; 19 NASA; 27 European Space Agency; 35 NASA
All other photographs are from NASA and Miles Kelly Archives

Copyright©Miles Kelly Publishing Ltd
Japanese translation rights arranged with Miles Kelly Publishing Ltd
through Japan UNI Agency, Inc., Tokyo

もくじ

はじめに …………………………4

V-2ロケット ……………………6

スプートニク1号 ………………8

エクスプローラー1号 …………10

ボストーク1号 …………………12

サターン5型ロケット …………14

パイオニア11号 ………………16

ボイジャー2号 …………………18

スペースシャトル ………………20

マゼラン …………………………22

ハッブル宇宙望遠鏡 ……………24

カッシーニ・ホイヘンス ………26

スピリットとオポチュニティー …28

ビーナス・エクスプレス ………30

スペースシップワン ……………32

国際宇宙ステーション …………34

用語解説 …………………………36

はじめに

大昔は、街灯も電灯も、ロウソクさえもなく、ただ赤々と燃えるたき火があるだけだった。古代の人々には、夜空にうかぶ月や惑星や恒星を、そしてそのほかのきらきらと光るたくさんのごく小さな点を見上げる時間があったんだ。そうして、はるか遠くのなぞめいた暗い世界の中に神話が生まれていった。1610年ごろから、望遠鏡を使って夜空の小さな点をもっと大きくして見るようになった。おかげで天文学者たちは、この小さな点が遠くはなれた天体で、「宇宙」というとてつもなく広く何もない空間を動いている、と気がついたんだ。

1635年、クロード・メランは、望遠鏡で見た月面のくわしい地図を初めてえがいた。

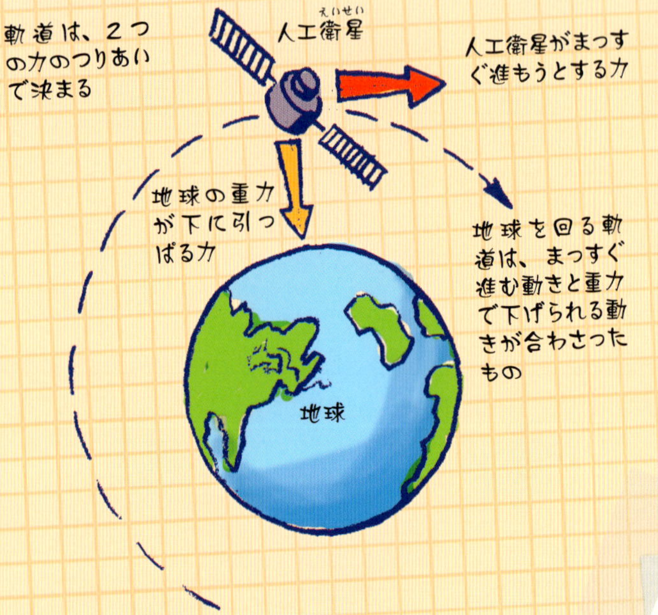

地球の軌道にのるゆめ

1900年代初め、当時、学校の先生だったロシア人のコンスタンチン・ツィオルコフスキーは、「ロケット」という機械を使うことで、地球の重力からのがれ、地球の軌道にのれると考えついた。この軌道とは、地球の周りをぐるぐると回り続ける「終りのない落下」の道すじなんだ。1920年代になると、アメリカ人のエンジニア、ロバート・ゴダードが、姿勢や方向を調節できるロケットを初めてつくり、「ロケット」は現実のものとなった。そして、第2次世界大戦（1939～1945年）には、世界初の大型長距離ロケット、V-2が現れた。もともとミサイル兵器として設計されたものだったが、人間がつくったものとして、世界で初めて「宇宙」という、地上から高さ100キロメートルより上の空間にとどいたんだ。

宇宙開発競争

1950年代の「冷戦」は、2つの世界超大国、アメリカとソ連（現在のロシアとその近くの国々）の力くらべだった。2つの国がくり広げた「宇宙開発競争」で、ソ連は3つの大きな「世界初」を成しとげた。人工衛星、人間、そして宇宙ステーションを、それぞれ初めて地球の軌道にのせたんだ。アメリカはもっと長い期間をかけた目標に向かって進み、これまでで最も力のあるロケット、サターン5型ロケットを開発した。このロケットは、世界で初めて人類を別の天体に送りとどけた——1969年、アポロ11号の月面着陸だ。

サターン5型ロケットは、1968年から1972年の間に、8機のアポロ宇宙船を月へ運んだ。アポロはそのうち6回、月に着陸している。

>>> 宇宙探査機・ロケット <<<

人類で初めて月におり立った、ニール・アームストロングの姿が、2番目に月におり写真係となった、バズ・オルドリンのヘルメットにうつっている。

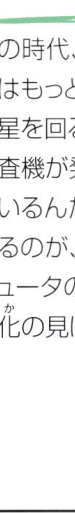

土星着陸

2004年、打ち上げから7年たって、宇宙探査機カッシーニ・ホイヘンスが土星にたどりついた。着陸機ホイヘンスは土星を回る周回機カッシーニから分かれ、土星の巨大な月、タイタンへパラシュートを使っておりていった。この着陸までの動きは自動でおこなわれたが、何も問題なくうまくいったんだ。

ホイヘンスがタイタンに着陸するまで

タイタンの大気圏に入るとき、熱シールドでホイヘンスが燃えるのをふせいだ

大きなパラシュートに続いて、小さなパラシュートが開き、ホイヘンスのおりるスピードをおそくした

ホイヘンスがタイタンに着陸

国際宇宙ステーションは、たくさんの科学者が利用する一時的な研究室だ。そして、たまにやってくる宇宙旅行者のためのホテルにもなるんだ。

宇宙は大にぎわい

今の時代、国際宇宙ステーションへ行くことがニュースになる。でも、宇宙探査機はもっとずっと遠くまで出かけているんだ。太陽を回るすべての惑星や、その惑星を回る衛星、または小惑星やすい星など、もっと小さな天体にも行っている。探査機が発見したことは、宇宙がいつどのように始まったかを知る手がかりになっているんだ。そして、わたしたちの毎日の生活にずっと身近でもっと役に立っているのが、地球を回っている何百もの人工衛星だ。テレビ中継や、電話やコンピュータの通信ができるようにしているのも人工衛星だし、天気の予想や地球温暖化の見はり、またスパイ活動にも使われているんだ。

宇宙は今、50年前ほどすいてはいない。これから先の50年には、いったい何が登場してくるんだろう？

V-2ロケット

V-2ミサイルは、世界で最初の大型長距離ロケットだ。初めて飛んだのは、第2次世界大戦（1939〜1945年）中の1942年だった。戦後、V-2は宇宙にとどいた最初のロケットになったが、地球を回る軌道にのることはなかった。でも、V-2の後に続いた宇宙ロケットは、ほとんど全部、V-2のデザインをもとにつくられたんだ。

へえ、そうなんだ！

ロケットの始まりは、火薬を燃料として使ったもの。これは今でいうロケット花火のようなもので「火せん」とよばれ、1050年ごろ中国で発明された。また、液体の燃料を使った、世界で最初のロケットは、1926年にロバート・ゴダードによって打ち上げられた。上がった高さは、たった12メートルだった！

この先どうなるの？

アメリカは、宇宙から敵のミサイルをみつけるため、いくつかの人工衛星が情報を伝えるシステムを計画している。これによって、敵が発射したミサイルをむかえうつミサイルこうげきができるんだ。

弾頭 V-2ミサイルの頭部は、750キログラムのアマトールでいっぱいになっていた。アマトールは、TNT（トリニトロトルエン）をおもな成分とする爆薬だ。

1951年、あるV-2ロケットが213キロメートルという記録的な高さまで上がった。宇宙空間に入るには十分だった。というのも、宇宙とは、公式には地上から100キロメートル以上のことをさすからなんだ。

誘導装置 初めのころにつくられたV-2は、前もってセットされたコースに進むようになっていた。後につくられたものは、地上からの電波信号によって、ロケットの向きや飛ぶ方向を調整するようになった。

燃料タンク 上にあるタンクには、液体をまぜ合わせたもの、およそ4トンを積んでいた。そのうち4分の3は、エタノール（アルコールの種類の1つで、とても高い温度でよく燃える）で、残りは水だ。水をまぜたのは、燃えるときの温度を少し下げるためだ。

打ち上げられてすぐ、V-2はノズルの真下にあるジェットベーン（排気翼）を使って、ロケットのむきや飛ぶ方向を変えた。V-2が十分速くなるときには、尾翼についているエアベーン（空気翼）も、方向を変えるかじとして働き始めたんだ。

- ノーズコーン（ロケット頭部）
- 燃料タンク
- 酸化剤タンク
- 燃料と酸化剤を送るためのポンプ
- イグナイター（燃料に火をつける装置）
- 燃焼室（燃料が燃えるところ）
- ノズル

＊ロケットエンジン

燃焼ガスが、ロケットに推力をあたえる

ロケットは、「作用・反作用の法則」という基本的な科学の法則を利用している。ロケットエンジンから、燃料が燃えてできる燃焼ガスが後ろに向かってふき出すことで、ロケットを前におし出すというわけだ。ものが燃えるためには酸素が必要だが、宇宙には空気がない、つまり酸素がない。そこでロケットは、酸化剤とよばれる液体酸素（水のように、液体の状態になっている酸素）や酸素をたくさんふくんだ化学物質をいっしょに積んで行くんだ。

V-2ミサイルの発射

V-2ミサイルは、低いテーブルのような形をした専用のじょうぶな鉄の発射台から発射された。この発射台と打ち上げに必要な装置や燃料などはすべて、およそ30台のトラックで発射地点へ運ばれ、ふつうは森の木々の間にかくされていた。V-2ミサイル本体には、特別なトラックと、長さおよそ15メートル、重さ11トンのトレーラーが使われた。打ち上げにたずさわる人々は、プラットフォームを組み立て、V-2ミサイルと燃料と誘導装置を準備して、爆薬の入った弾頭を爆発できるようにするまでに、90分かかったんだ。

V-2のロケットエンジンは、およそ65秒間動くだけ。それでも、80キロメートルの高さまでとどくには十分だった。その後V-2は地球にむかって落下していき、発射地点から300キロメートル以内の場所で爆発した。

発射の準備ができた V-2ロケット

- 流線形の機体
- 燃料ポンプ
- **燃焼室** 燃料は、1200個以上ある小さなノズルを通して、燃焼室の中にきりのようにふき出され、酸素を使って燃えた。
- エアベーン
- ノズル
- つばさ 翼
- 燃料ポンプを動かすための燃料
- **液体酸素タンク** 下にあるタンクは、およそ5トンの酸素を運んだ。酸素を気体ではなく液体にしておくために、とても低い温度で、ものすごく高い圧力がかかっていた。

第2次世界大戦の間、3000発以上のV-2ミサイルが、敵にむかって発射されたんだ。

スプートニク1号

1957年10月4日、びっくりするようなニュースに世界中がどぎもをぬかれた。世界初の人工衛星成功のニュースだった。スプートニク1号が、R-7ロケット（セミョールカ）で、地球を回る軌道にのったんだ。新しい機械と技術を宇宙空間でためすため、人工衛星スプートニクはその後いくつも打ち上げられたが、スプートニク1号はその1番手だった。1号は3カ月間軌道を回った後、地球に向かって落ちながら燃えつきた。

へえ、そうなんだ！

地球を回る通信衛星は、まるでとてつもなく高いマストの上についているアンテナのように、無線信号（電波）を受けたり送ったりする。「通信衛星」というアイデアを初めて思いついたのは、SF作家、アーサー・C・クラーク（1917～2008年）。1945年のことだった。

スプートニク1号は、22日間、電池が切れるまで無線信号を送ってきた。でも、その後も飛び続けて、全部で1440回地球を回り、6000万キロメートルの旅をしたんだ。

Oリング 内部ケーシングの上半分と下半分の間のつなぎ目をふさぐリング型の部品で、スプートニクの中にまじりけのない窒素ガスをとじこめていた。

電源装置 小さいけれども重い3つの電池は、合わせて小さな大人1人分の重さがあった。そのうち2つは無線送信機用、残りの1つは中の温度を調節するファン用だった。

✱ 軌道の仕組み

軌道とは、衛星などのように惑星や月や恒星の周りを回るものが通っていく、カーブした道すじのこと。前に進む動きと、下に落ちる動きのつりあいなんだ。宇宙では、何かの力が働かないかぎり、ものはまっすぐ進もうとする。地球の周りでは、地球の重力がものを下に引っぱる力となるので、ものは落ちるようにカーブする。でも、その下にある地球の表面もまたカーブしているので、ものの速さと高さがちょうどよければ、落ち続けるけれどもぜったいに地面にはとどかないんだ。

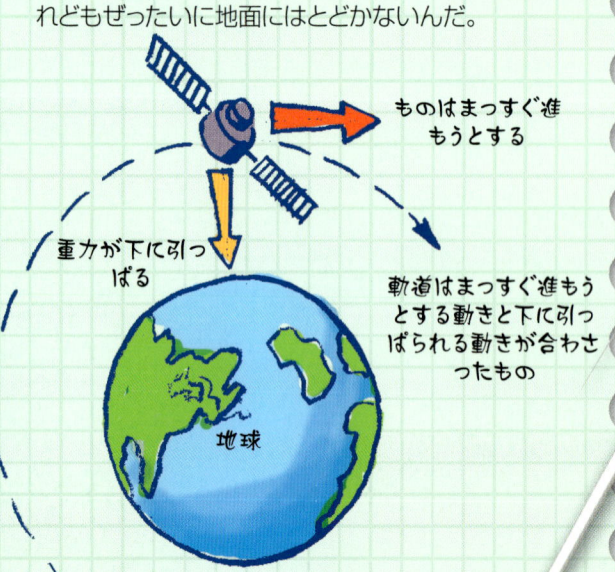

内部ケーシング

温度調節用ファン

スプートニク1号の打ち上げから1カ月後、スプートニク2号が世界初の"宇宙旅行者"をのせて打ち上げられた——ライカとよばれる犬だった！

分解図

>>> 宇宙探査機・ロケット <<<

この先どうなるの?
宇宙で今働いている人工衛星は600機以上。でも宇宙には、使い終わった人工衛星がそれ以上に何百とあるし、ロケットや宇宙ステーションなどの宇宙ゴミの古いかけらも何千とうかんでいるんだ。新しく打ち上げる人工衛星には、宇宙にうかんでいるあらゆるものにぶつからないような軌道があたえられる。

外部ケーシング ボール型の外部ケーシングは、アルミニウムとマグネシウムとチタンの合金（金属をまぜたもの）でできていて、2つの半球が36本のボルトで1つになっていた。

スプートニク1号は、機械が、そしておそらく人間さえもが、地球の軌道にのれること、そして無事でいられることを世界にしめして、"宇宙時代"のまくを切って落としたんだ。

アンテナ 無線信号を送る4つのアンテナは、細くムチのようにしなるホイップ型で、長さ2メートル以上もあった。

スプートニク1号が積んでいた無線送信システムは、重さが約3.5キログラムで、発信音の高さがちがう2種類の無線信号をそれぞれ0.3秒間ずつ出した。

内部ケーシング

耐熱外部ケーシング

スプートニク1号はソ連（現在のロシアとその近くの国々）が打ち上げた。宇宙開発競争の最大のライバル、アメリカはたいへんなショックを受けた。そのニュースがでっちあげだと思ったアメリカ人もいたんだ！

スプートニク1号は、重さ84キログラム、直径58センチメートル。大きなビーチボール位の大きさだった。

✳ 脱出速度って、何だろう？

もし、きみが宇宙機を空に打ち上げられるとしても、重力で地球に引っぱられて、すぐに引きもどされてしまうだろう。強く打ち上げるほど、高く上がるけれども、やはりそれほど遠くまではとどかないだろう。宇宙機に地球の重力からぬけだして宇宙まで行く運動エネルギーをあたえられる力を持ったエンジンは、ロケットだけなんだ。宇宙までとどく速さとは、地上でいうと1秒間に11キロメートル進む速さのこと。これが、脱出速度だ。

頭部にスプートニク1号を入れたR-7ロケットが、さあ出発だ！

9

エクスプローラー1号

宇宙開発のライバル、ソ連のスプートニク1号打ち上げ成功にショックを受けたアメリカは（P8も見てみよう）、自分たちの最初の人工衛星を宇宙へ送り出すことに、よりいっそう力をそそいだ。そして、その4カ月後の1958年1月31日、人工衛星エクスプローラー1号を頭部に入れたジュノー1ロケットが、ケープカナベラルから打ち上げられたんだ。111日間の宇宙飛行の間に、エクスプローラー1号は宇宙に関するおもしろい発見をしている。

へえ、そうなんだ！

エクスプローラー1号は、地球の磁場につかまった、ごく小さなつぶがドーナツ型の帯をつくって地球を取りまいていることを発見した。この帯は、エクスプローラー計画のリーダーの1人、ジェームズ・ヴァン・アレンにちなんで、「ヴァン・アレン帯」と名づけられた。

この先どうなるの？

人工衛星のシリーズとして続いたエクスプローラー計画は、エクスプローラー59号（ISSE-3）のような宇宙探査機をふくめた、幅広い宇宙探査シリーズに変わっていったんだ。

エクスプローラー1号の軌道は、だ円形。一番遠いときは地球から2550キロメートルはなれたけれど、一番近いときは地球からたった360キロメートル上を通ったんだ。

※ 多段式ロケットの仕組み

打ち上げ機となる多段式ロケットは、いくつかのロケットが積み重なったもの。第1段のロケットエンジンは、最も大きくて力がある。全部そろった一番重い状態の打ち上げ機を持ち上げなければならないからだ。また、最も強い重力を受ける地面から打ち上げられるからでもあるんだ。第1段が燃料を使い切ると、この部分は切りはなされる。これで打ち上げ機全体は軽くなり、飛んでいる高さが高くなるために機体が受ける地球の重力は弱くなる。つまり、第2段のロケットはもっと小さくていい。上の段に行くほど必要な力は小さくなっていくというわけだ。

第2段： 第1段より小さい力と少ない燃料で、進み続けることができる。

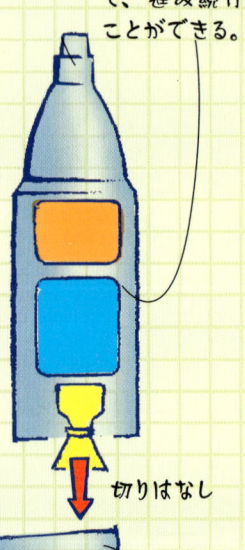

切りはなし

燃料タンク

酸化剤タンク

ロケットエンジン

第1段： 第1段用の燃料を使い切ったら、はずれて落ちる。そうしないとロケットの"お荷物"になってしまうからだ。

宇宙線計測器 つつ形の計測器で宇宙線の強さをはかった。宇宙線とは電波のようなものだが、宇宙線といわれるものの波長の長さは、どれも電波よりずっと短い。

温度センサー エクスプローラー1号には、5台の温度センサーがあった。先の部分に1台、本体の中に1台、外側に3台ついていた。

高出力送信機 2台の送信機が、機体に積まれているセンサーや計測器から受けた内容を、無線信号として地球まで送った。

金属ケーシング

温度プローブ

電池は、おもに金属水銀が使われていたため、エクスプローラー1号のペイロードの重さの5分の2をしめていた。

>>> 宇宙探査機・ロケット <<<

ノズル

エクスプローラー1号は、幅15センチメートル、重さ14キログラム。スプートニク1号のわずか6分の1の重さしかなかった。

アンテナ 4本の短いムチのようなアンテナが機体の外側につき、さらに2本のまっすぐなアンテナが機体のケーシングにうめこまれていて、無線信号を送った。

ファイバーグラスリング

長さ203センチメートル！大人の背の高さとそれほど変わらない。

エクスプローラー1号は、新しく発明されたトランジスタを使った最初の人工衛星だった。トランジスタは人工衛星の電子機器をコントロールするのに使われ、また、真空管とよばれる古い装置を使うよりも、人工衛星をずっと軽くした。

宇宙飛行の専門家をおどろかせたのは、エクスプローラー1号が軌道にのったとき、1秒あたり12回回転するはずの回転方向が、まったく変わってしまったことだ。だれにもその理由がわからなかった。

 追せき基地

ロケット・人工衛星・探査機やその他の宇宙機は、宇宙を飛行するとき、今どこにいるか、何をみつけたか、などのありとあらゆる情報を無線信号として地球に送る。地球では、とても大きな皿型のパラボラアンテナが、送られてきた弱い信号をみつけ、宇宙機が空を横切るときその方向を向き、あとを追う。地球は24時間に1回自転するので、世界中の追せき基地が順番に見守っているんだ。

パークス天文台追せき基地（オーストラリア）

ボストーク１号

人類で初めて宇宙に行ったのは、ユーリイ・ガガーリン。飛行機のパイロットから宇宙飛行士になったロシア人で、ボストーク１号の名で知られる宇宙飛行計画のときのことだった。1961年4月12日、ガガーリンはボストーク3KAにのって地球を１周した。時間にして、ちょうど１時間48分。このできごとでガガーリンはヒーローとなり、人間が宇宙へ行く時代のとびらを開いたんだ。

へえ、そうなんだ！

話は1903年までさかのぼるが、ロシア人科学者、コンスタンチン・ツィオルコフスキーは、ロケットを使えば宇宙に行ける、そしていつの日か人間が宇宙へ行くようになるかもしれないと書いた。当時の人々は、ツィオルコフスキーは気が変だと思ったんだ！

ハッチ ボストーク１号への出入り口は、宇宙飛行士のガガーリンが中に入った後にしっかりふさがれた。そして、再突入した後、パラシュートを身につけたガガーリンが脱出するときに開けられた。

無線を送ったり受けたりする人や局を他と区別するためのよび名を、コールサインというんだ。ボストーク１号のコールサインは「つばめ」、ガガーリン自身は「ヒマラヤスギ」だった。

降下モジュール ボストーク１号の機体のうち、宇宙飛行士がのっている、このボール形の部分だけが地球にもどった。

バイザー バイザーは、まどに取りつけられた潜望鏡（まがった望遠鏡）のようなものだ。再突入するとき、ボストーク１号が正しい位置と角度にあるように合わせるために使われた。

✳ 再突入の仕組み

宇宙から帰るとき、最もあぶない場面の１つが「再突入」——宇宙機が空気のない宇宙空間からもどり、地球の大気圏（地球の周りにある空気の層）に入るときだ。秒速10キロメートルの速さでつっこんでくると、厚い大気とのまさつで、すぐに宇宙機は真っ赤に熱くなる。成功のかぎは、正しい角度で入ることだ。さもないと、池の水面を石が水切りしてはねるように、宇宙機が大気圏にはじかれてしまう。逆に、急な角度で入りすぎると、宇宙機は燃え上がっていっかんの終わりだ。

オーバーシュートゾーン

再突入回ろう（再突入できる角度）

アンダーシュートゾーン

入る角度が急すぎると、宇宙機はものすごく高い温度になり、火の玉になってしまう。

入る角度が浅すぎると、宇宙機は大気圏にはじかれ、はるかかなたへ行ってしまう。

射出座席 パラシュートを開く準備ができたガガーリンを、座席ごと機体から爆薬で飛び出させた。

>>> 宇宙探査機・ロケット <<<

長距離アンテナ

熱シールドカバー

ガスタンク ボール形のガスタンクには、窒素と酸素が入っていた。これらは、宇宙でのガガーリンの呼吸に使われ、また、ボストークの姿勢を整えるスラスタを動かすのにも使われた。

計測器モジュール

逆推進エンジン

ボストークは直径2.4メートル、重さ4.7トンだった。

ボストーク1号の中にすわる、宇宙服を着たガガーリン

✺ 無事にもどった！

ボストーク1号が成功したという最初の報告書では、「ガガーリンはボストークの中に入ったまま着陸した」と発表された。でも後になって、実は高さ6キロメートル以上の空の上で、ガガーリンを外に飛び出させたことをみとめたんだ。ガガーリンとボストークは別々のパラシュートでただよいながらおりてきた。着陸したのはロシアのかたいなか。地元の農家のおばさんとそのむすめさんは、オレンジ色の宇宙服を着たガガーリンを見て、「宇宙人だ」と思ったんだって！

戦とう機のパイロットとして訓練され、人類初の宇宙飛行を成しとげたとき、ユーリイ・ガガーリンは27歳だった。その後の1968年、ジェット戦とう機の訓練飛行中、不幸にもつい落して命を落としてしまったんだ。

アンテナ ボストーク1号と地球との間では無線通信がやりとりされた。地上管制官は、ガガーリンが地球の軌道を回りながらロシアの有名な歌を口ぶえでふくのを聞いた。

13

サターン5型ロケット

最も大きく力のある打ち上げ用ロケットは、アメリカのサターン5型ロケット。アポロ宇宙船の宇宙飛行士を月まで送りとどけたロケットだ。1967年11月におこなわれた、初めてのアポロテスト飛行から、1973年5月の最後の打ち上げまで、13機のサターン5型ロケットの打ち上げはすべて成功した。一番有名なのは1969年7月16日におこなわれた打ち上げだ。このときのサターン5型ロケットは、人類として初めて月におり立ったニール・アームストロング、バズ・オルドリンの2人と、司令船操縦士マイケル・コリンズを月まで運んだんだ。

へえ、そうなんだ！

アポロ13号にはたいへんなことがおこった。爆発が起きて、酸素タンクがこわれてしまったんだ。のっていた宇宙飛行士たちは、再突入のために司令船へもどるまでの間、「救命ボート」として月着陸船を使うというアイデアを思いついた。

この先どうなるの？

人間は、またいつか月に行くのだろうか？アメリカは、2015～2020年の間にふたたび宇宙飛行士を月に送ることを計画していたが、2010年に中止された。これからは火星に人を送ることをめざすようだ。

ソ連がつくったエネルギアは、サターン5型ロケットよりもやや力が上回るロケットだったんだ。でも、2回の打ち上げテストをしただけで、本当の計画にうつらずに終わってしまった。

1973年に打ち上げられた最後のサターン5型ロケットは、第1段と第2段の2つにしかロケットエンジンがなかった。第3段は、地球を回る宇宙ステーション、スカイラブにつくり変えられたんだ。

第2段 第2段のS-IIには5つのJ-2ロケットエンジンがあった。S-IIは、高さ25メートル、幅は第1段と同じ10メートルだった。

第1段 巨大なサターン5型ロケットの一番下の部分が第1段、S-IC。その重さは、2000トン以上（巨大トラック50台分くらい）で、高さは42メートルだった。

J-2エンジン

F-1エンジン 第1段がはずれて落ちるまでの間に、5つのF-1ロケットエンジンが、3段全部そろったサターン5型ロケットを60キロメートルの高さまで打ち上げた。

テスト用だった3機のサターン5型ロケットが、ジョンソン宇宙センター（ヒューストン）、ケネディ宇宙センター（ケープカナベラル）、合衆国宇宙ロケットセンター（ハンツビル）に展示してある。

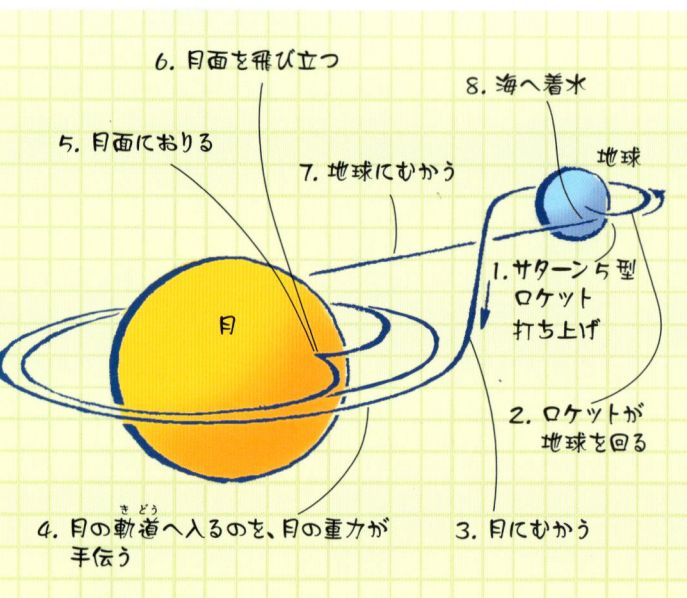

1. サターン5型ロケット打ち上げ
2. ロケットが地球を回る
3. 月にむかう
4. 月の軌道へ入るのを、月の重力が手伝う
5. 月面におりる
6. 月面を飛び立つ
7. 地球にむかう
8. 海へ着水

✳ 重力アシスト（スイングバイ）の仕組み

重力があるのは地球だけではない。小さなピンの頭から惑星・月・恒星、すべてのものにあるんだ。宇宙機が月や惑星の近くを飛ぶと、その重力に引っぱられて、それまでとちがう方向へ進むようになり、また、進む速さを変えることもできる。これを利用すれば、宇宙の長旅では燃料と時間の節約になるんだ。アポロ計画では、月の重力を考えて計画をねらなければならなかった。というのも、月の重力は地球の6分の1だからだ。アポロは、まるで月を通りこすかのように月のわきをめざしていき、アポロを引っぱる、月の重力アシストを利用して、正しい軌道に入った。

>>> 宇宙探査機・ロケット <<<

着陸船 2人の宇宙飛行士は、月面におりてもどるまでの2、3日の間、着陸船にのりうつってすごした。月面から司令船にロケットエンジンで上がるとき、月着陸船の下の部分は切りはなしておいてきた。

機械船 機械船は、水や空気など宇宙での生活に必要なもの、電池、無線機、科学機器、小型ロケットなどを積み、地球に向けて再突入するほんの少し前まで司令船とつながっていた。

第3段 第3段のS-IVBは、高さ17.8メートル、幅6.6メートルで、第2段と同じJ-2エンジンが1つついていた。

エスケープタワー

司令船 アポロ計画では、のりこむ宇宙飛行士は毎回3人。2人が月におり立つ間、残りの1人は司令船で月の周りを回った。その後、3人とも司令船にのって地球にもどってきた。

サターン5型ロケットの高さは110.6メートル。イギリスのロンドンにあるセント・ポール大聖堂より50センチメートルほど低いだけだ。

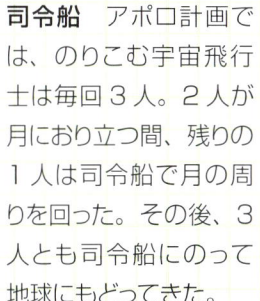

J-2エンジン

✳ 着水！

宇宙開発競争のライバル、ソ連の宇宙船はパラシュートを使って地面におりた。でも、アメリカの宇宙船は海へおりたんだ。まず、アメリカの管制官が、おりてくる司令船を無線で追っていき、続いてジェットせんとう機が追いかけた。海に着水すると、ヘリコプターからおりたダイバーが、大きなゴム製のうき輪を司令船に取りつけた。そうすることで、司令船は海にしずまないですんだんだ。

サターン5型ロケットの打ち上げ 打ち上げのとき、サターン5型ロケットは3000トン以上の重さがあった。めいっぱい荷物を積んだジャンボジェット機の7倍以上の重さだ。

着水したアポロ宇宙船

パイオニア11号

宇宙探査機は無人の宇宙機で、地球からの無線信号でコントロールされている。ふたごの探査機パイオニア10号と11号は、1972年と1973年に打ち上げられた。地球から何百万キロもはなれた外惑星の近くを飛ぶために、はてしなく長い旅に出かけたんだ。2機のパイオニアは飛びながら写真をとった。そして、今でも信じられないほど速いスピードで地球からはなれながら、まだ、だれも知らない宇宙のおくへと進んでいるんだ。

へえ、そうなんだ！
パイオニア11号の打ち上げ後、飛行管制官は、別の2つの探査機ボイジャー1号・2号より先に11号が土星に着くように進むコースを変えるには、木星の重力が使える（P14をみてみよう）とわかったんだ。

パイオニア11号は、木星には3万4000キロメートル、土星には2万1000キロメートルまで近づいた。

パイオニア11号が写した、土星の輪の見事な写真では、地球から見ると明るく見える輪が、暗く見えたんだ。

パラボラアンテナ このおわんのような形のアンテナは、直径2.74メートルで、地球の方を向いて無線信号を受けたり送ったりした。

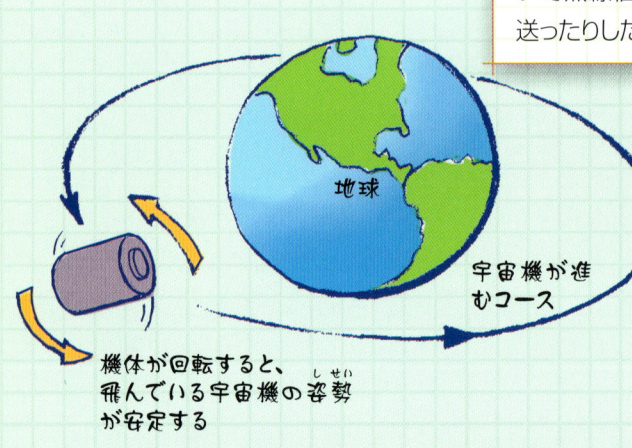

機体が回転すると、飛んでいる宇宙機の姿勢が安定する

✳ スピン安定方式の仕組み

宇宙空間を飛んでいると、微小いん石とよばれるごく小さなかけらがぶつかって、宇宙機がふらつき始めることがある。このため、人工衛星や探査機は、飛ぶときに機体が回転するようにつくられているものが多く、これをスピン安定方式という。回転で生まれるジャイロスコープ効果（P30も見てみよう）で、よりまっすぐ飛べるようにしているんだ。また、機体の回転は、太陽の光の熱を散らすことにもつながる。もし回転しなければ、太陽に面した方だけが、熱くなりすぎてしまうのだ。パイオニア11号は、12秒に1回回転するが、パラボラアンテナはいつでも地球の方を向いている。

小惑星・いん石探知センサー

セパレーションリング

スピンスラスタ 3対のスラスタ（小型ロケットエンジン）がガスをふき出すことで、パイオニアの回転する動きとスピードを調節した。

>>> 宇宙探査機・ロケット <<<

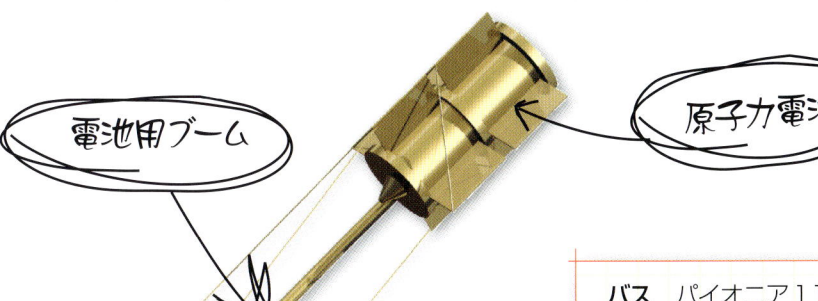

電池用ブーム

原子力電池

電気ケーブル

バス パイオニア11号のバス（本体）は、直径およそ2メートルだ。そこからのびる、3メートルの電池用ブームと6メートルの磁力計用ブームは、打ち上げのときにはおりたたまれていて、宇宙空間に行ってからまっすぐのばされた。

磁力計 惑星の磁場は、その惑星のつくりを知る手がかりをくれる。磁力計は、長いうでのようなブームで探査機本体からはなれていなければならない。探査機に積んである電子機器や磁気を使った装置から、磁力計がえいきょうを受けないようにするためだ。

パイオニア11号からの通信は1995年にとだえてしまったが、今はわし座にむかっているんだ。そこに着くには、400万年はかかるだろう！

パイオニア11号が木星にむかうとき、その速さは、高性能ライフルから発射されるたまのなんと55倍。木星の重力を利用した、スイングバイ（P14も見てみよう）によってこんな速いスピードになったんだ。

磁力計用ブーム

放熱ルーバー 探査機の中にある電子機器が熱くなりすぎたとき、この細長いすきまについているカバーをひねって開けることで熱を外ににがした。

パイオニア11号が土星を通りこしていったとき、送られた無線信号が地球にとどくまでに1時間以上かかった。

宇宙線望遠鏡 パイオニア11号が積んでいるたくさんの機器の1つ、宇宙線望遠鏡は、宇宙空間を飛びかう、高いエネルギーを持った宇宙線を観測するためのものだ。

✱ おーい、だれかいるかい？

パイオニア11号は、木星には2番目に（1番目は10号）、土星には最初に行った探査機だ。2機のパイオニアは両方とも、幅23センチメートルの金属板をつけている。これには、人間の男女がえがかれ、板の下の方には太陽系の太陽とその惑星が順にならび、その中に地球の位置を表す図があるんだ。月や惑星や小惑星にぶつからないかぎり、パイオニアはいつまでもはてしなく宇宙空間を進み続けるだろう。あるいは、もしかしたら、その金属板を読み取って地球にやって来ることのできる、宇宙人にみつかるかもしれないね！

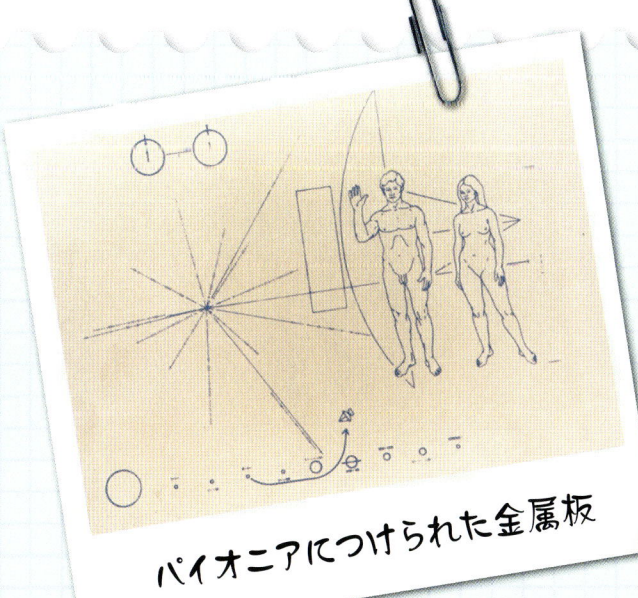

パイオニアにつけられた金属板

17

ボイジャー2号

1977年、ボイジャー1号と2号は、太陽系を地球から外側に向かってわたっていくというとてつもなく長い旅に向けて打ち上げられた。ボイジャー1号は木星と土星の近くを飛んで行ったが、ボイジャー2号はこの2つの惑星に向かってゆっくり進んだ後、より遠くをめざして飛んでいき、天王星と海王星に行った最初の探査機になったんだ。

へえ、そうなんだ！

飛行管制官は、ボイジャー2号が積んでいるメインの無線装置のスイッチを入れわすれてしまった。ボイジャー1号が起こしたトラブルに気をとられていたからだ。ラッキーなことに、予備の無線があったので助かった。

この先どうなるの？

太陽系で最も外側にある惑星、海王星よりも、さらに外側にある天体を調べる計画をした探査機は、ニューホライズンズだけだ。2006年に打ち上げられ、「準惑星」の冥王星やその衛星であるカロンには、2015年にとどく予定なんだ。

カメラ ボイジャー2号には、テレビさつえい用のカメラに似た、弱い光でも写せる2台のカメラがある。1台は広い部分を写し、もう1台はせまい部分を大きく写した。

バス 探査機のバス（本体）は、直径1.8メートル、厚さ45センチメートルで、おもな電子機器を積んでいる。

宇宙線検出器

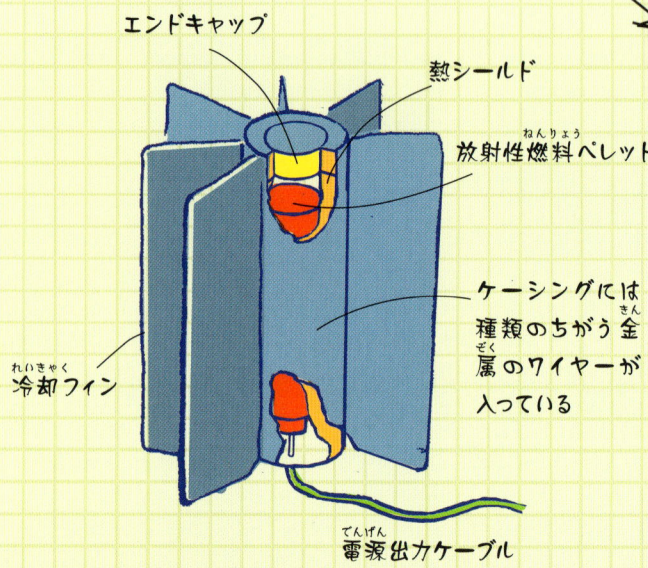

エンドキャップ / 熱シールド / 放射性燃料ペレット / 冷却フィン / ケーシングには種類のちがう金属のワイヤーが入っている / 電源出力ケーブル

✴ 原子力電池の仕組み

太陽系の外側の方になると、太陽の光はとても弱くなるので、太陽電池のパネルでは発電できないし、とても長い年月をかけて遠くまで行く間にふつうの電池では使いはたしてしまう。だから、太陽から遠い惑星に行く探査機は、原子力電池を使うんだ。この中には、放射性プルトニウム燃料をかためたペレットが入っていて、素粒子というごく小さなつぶや光の形でエネルギーを出す。そこにはものをあたためる作用がある赤外線もふくまれていて、それが種類のちがう金属のワイヤーをあたためる。このワイヤーがいっしょになって、熱電対とよばれる装置になり、熱エネルギーを電気エネルギーにかえるというわけだ。この仕組みには動く部分が何もないので、とても長い間使えるんだ。

メインアンテナ 直径3.7メートルの皿の部分が、遠くはなれた地球からの指令を受け、写した写真やそのほか調べたことを、無線信号で送る。

ボイジャー2号は、天王星におよそ8万1000キロメートルまで近づき、それまで知られていなかった、天王星を回る10個の月を発見した。

>>> 宇宙探査機・ロケット <<<

✹ 惑星めぐりの旅

ボイジャー2号は、よく"お買い得な"探査機といわれるんだ。他より安い費用（およそ5億ドル、日本円で500億円前後）でたくさんの惑星や月に行き、重要な発見をしたからだ。ボイジャー2号の「惑星めぐりの旅」は、4つの惑星が一列にならんでいたからこそできた。そうなるのは175年に1度のことなんだ。木星には1979年7月に、土星には1981年8月に最も近づいた。そして、土星の重力を利用した「スイングバイ」で加速して1986年1月に天王星に行き、1989年8月には海王星に行ったんだ。ボイジャー1号・2号は、金メッキした銅のレコード（昔のビニール盤レコードのようなもの）を積んでいる。そこには地球の写真と、地球の鳥やくじらの声・風やかみなりの音・人間の声などの音が入っているんだ。

ボイジャー2号は海王星に行ったただ1つの探査機だ。宇宙探査機ニューホライズンズが海王星の軌道を横切るときには、海王星はかなり遠くにあるだろう。

ボイジャー2号の宇宙飛行図

磁力計用ブーム このあみのような形のセンサーで、ボイジャーがそばを通るさまざまな惑星やその月の磁場、あるいは、遠い太陽から受ける磁場をみつけた。

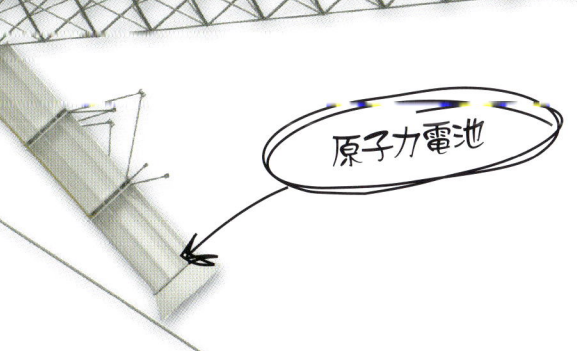

原子力電池

ボイジャー2号は少なくとも2025年までは無線信号を送り続ける、と科学者たちは考えている。そのとき、ボイジャー2号はおよそ50歳だ。

長いアンテナ 長さ10メートルのムチのようなアンテナ2本は、「ラビットアンテナ」とよばれるV字型になっている。科学者たちに「宇宙の始まり」を知る手がかりをくれる、遠い宇宙からの電波などをキャッチした。ボイジャーのデータは今でも研究され続けている。

ボイジャー2号のふたごの1号は、今、地球でつくられたものの中で最も遠い宇宙空間にいる。あまりに速いスピードで飛んでいるので、将来にむけて計画されているどんな宇宙機も1号を追いこすことはできないだろう。

スペースシャトル

リサイクルは、わたしたちにとっても地球にとってもよいこと。そこで、アメリカのスペースシャトルは、多くの部分がリサイクルできるようになっているんだ。スペースシャトルは、白い機体のオービター、背の高い2つのブースター、それと巨大燃料タンクで成り立っている。最初の打ち上げが1981年、そして最後の打ち上げは2010年に予定されていて、計画全体でおよそ140回の宇宙飛行をおこなっているんだ。

オービターの再突入のほとんどすべてがコンピューターで制御されている。ただし、着陸用の車輪をおろすのだけは別だ。

へえ、そうなんだ！

スペースシャトルのブースターは、機体を打ち上げる推力の3分の2以上をつくり出す。ブースターが切りはなされるときは、オービターにぶつからないように、16機のとても小さなロケットが点火され、ブースターをおし出すようになっているんだ。

カーゴベイ（貨物室） 衛星や宇宙望遠鏡などのペイロードが積まれているこの広いエリアは、たて18メートル、横5メートルで、12台の自家用車がならぶほどの広さがある。ペイロードベイともいう。

フライトデッキ 大きな航空機と同じように、オービターには一番前に操縦席が2つあり、船長と操縦士がすわる。

ブースターの仕組み

ブースターは、メインエンジンを助けて、機体を打ち上げる推力などをさらに加えるロケットだ。スペースシャトルは、2つの固体ロケットブースター（SRB）を持っている。ブースター用の燃料を使い切ると、地上から高さ45キロメートルでボルトが爆発して切りはなされる。空っぽになったブースターは、パラシュートでおりてきて、次にまた使われるんだ。宇宙飛行が終わると、オービターはエンジンの力を使わず再突入し、まるで大きなグライダーのように、急な角度でおりてきて滑走路に着陸する。

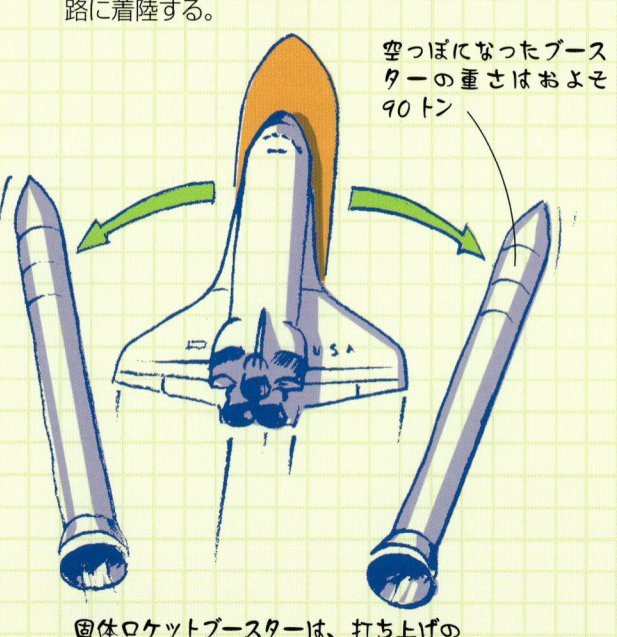

空っぽになったブースターの重さはおよそ90トン

固体ロケットブースターは、打ち上げの2分後に切りはなされる

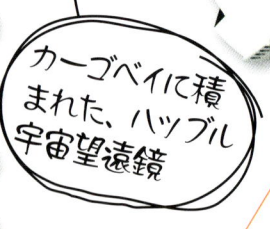

カーゴドア

オービター

カーゴベイに積まれた、ハッブル宇宙望遠鏡

メインエンジン オービターにはメインエンジンのRS-24が3つある。このエンジンはわずかながら先をふることができ、これで推力を調節し、飛ぶ方向を変える。

発射台に準備されるスペースシャトル全体の高さは56メートル、重さはなんと2000トンだ。

この先どうなるの？

スペースシャトルが引退した後、アメリカはアレス1号という2段式ロケットで、2015年までにカプセル型の宇宙船「オリオン」を宇宙空間に運ぶ予定だったが、2010年に中止された。宇宙計画はさまざまな理由で変わることがある。

>>> 宇宙探査機・ロケット <<<

今までつくられたオービターは、エンタープライズ号（試験飛行に使われた）、ディスカバリー号、アトランティス号、エンデバー号、チャレンジャー号（1986年、打ち上げ後に空中爆発した）、コロンビア号（2003年、大気圏再突入のとき空中分解した）の6機だ。

二重になっている燃料タンクの外壁

液体燃料

燃料タンク 燃料タンクは、高さ46.9メートル、幅8.4メートル。オービターの3つのメインエンジンに燃料を送っている。地面をはなれるときは755トンの重さがあり、打ち上げから9分後にはオービターから切りはなされる。

スペースシャトルは、ふつう、打ち上げも着陸もフロリダ州のケネディ宇宙センターでおこなわれる。でも、天候が悪い場合、オービターはカリフォルニア州のエドワーズ空軍基地に着陸することができる。その場合、オービターはフロリダまで帰るために、ジャンボジェット機ボーイング747のせなかに"おんぶ"するような形で、3500キロメートルの旅をするんだ。

✱ 宇宙遊泳

オービターの中にいる人たちは、ふつうの服を着てすごす。でも、外に出るときは、宇宙服を身につけるんだ。宇宙服には、呼吸をするための空気が入っている。また、ものすごく強いぎらぎらした太陽の光や、太陽のかげになったときのこおりつくような寒さ、「流星塵」とよばれる宇宙のちりのちいさなかけらなどから、体を守ってくれるんだ。

ブースター 固体ロケットブースター（SRB）は、高さ45.6メートル、重さおよそ590トン。打ち上げの2分後にオービターから切りはなされる。

スペースシャトルの宇宙服は、「船外活動ユニット（EMU）」とよばれている。

マゼラン

1989年5月、宇宙探査機マゼランがスペースシャトル・アトランティス号から打ち出され、地球の軌道から15カ月間の旅に出た。めざしたのは、太陽に2番目に近い惑星——雲におおわれ、なぞにつつまれた金星だった。その後の1994年10月、すばらしい成果をあげて役目を終えたマゼランに、機体をこわしてこなごなになるよう命令する無線信号が地球から送られた。それを受けたマゼランは、毒性がある金星の周りの厚い雲の中へものすごい速さで落ちていって、燃えつきたんだ。

へえ、そうなんだ！

最初に金星に送られた宇宙探査機は、1961年に打ち上げられたソ連のベネラ1号。でも、地球との無線連らくはとれなかった。結果的には、1962年にマリナー2号が金星から3万5000キロメートルのところまで近づき、地球以外の惑星に行った最初の探査機となったんだ。

この先どうなるの？

宇宙探査機ビーナス・エクスプレスは、2006年に金星まで行った（P30も見てみよう）。また、VISEとよばれる探査機は、金星へ初めての着陸機を運ぶ計画がある。でも、それはたぶん2015年より先になるだろう。

金星の軌道に入ってロケットがはずれると、マゼランの長さは4.6メートルになった。

太陽電池パネル 2まいの太陽電池パネルは打ち上げ後に広げられ、5年間、マゼランが使う電力をつくり出した。

推進モジュール

ロケットエンジン マゼランを地球からはなして金星へ行かせるために、慣性上段ロケット（IUS）という固体燃料ロケットを何回か燃焼させた。

逆推進ロケット マゼランが金星に近づいたとき、慣性上段ロケットが逆推進ロケットとして働いた。マゼランは、スピードを落とすことで金星の重力に引きつけられ、正しい軌道にのることができた。

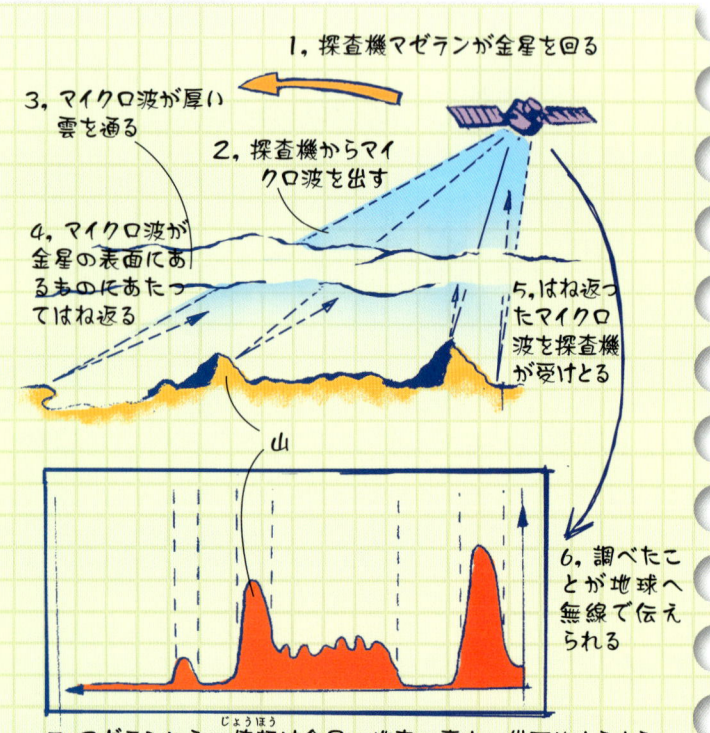

1. 探査機マゼランが金星を回る
2. 探査機からマイクロ波を出す
3. マイクロ波が厚い雲を通る
4. マイクロ波が金星の表面にあるものにあたってはね返る
5. はね返ったマイクロ波を探査機が受けとる
6. 調べたことが地球へ無線で伝えられる
7. マゼランからの情報は金星の地表の高さ、岩石やさらさらした地面などをしめす画像をつくるのによく使われた

探査機マゼランの名は、フェルディナンド・マゼランにちなんでつけられたんだ。500年ほど前に初めて世界一周の船の旅をした人だ（ただし、その船旅の間に本人はなくなっている）。

✳ レーダーの仕組み

遠くはなれたかべに向かってさけぶと、音の波がかべにあたってはね返り、こだまとなってもどってくる。もどるまでにかかった時間で、かべまでの距離がわかるんだ。レーダーもこれと同じ仕組みで、音ではなくマイクロ波などの電波を使う。探査機マゼランは、ものすごくたくさんのマイクロ波を送り出し、はね返ってくる波をアンテナでとらえた。もどってくるのが速ければ速いほど、あたった地面がマゼランの近くにあるということだ。また、波の様子ははね返ったときに変わることから、地面の性質もわかったんだ。

>>> 宇宙探査機・ロケット

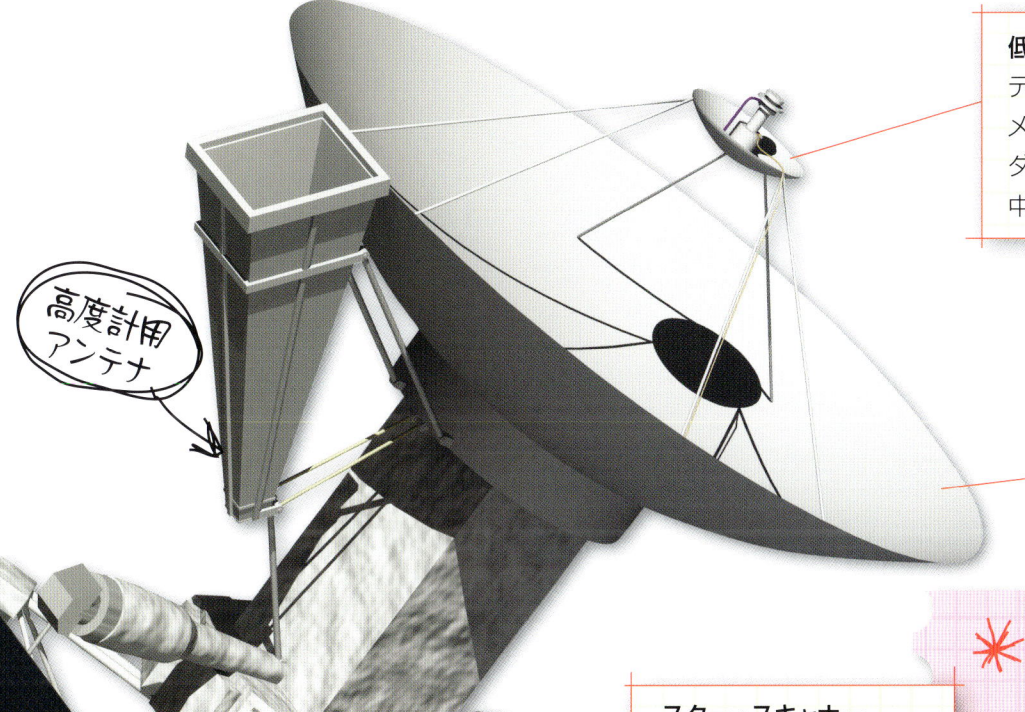

低利得アンテナ この小さいパラボラアンテナは、無線信号を受けたり送ったりして、メインアンテナを助ける役わりがある。レーダーで地図をつくるための無線信号もその中にふくまれる。

高利得アンテナ 直径3.7メートルのメインアンテナは、レーダーで地図をつくるためのマイクロ波の送信と、地球との無線通信に使われた。

高度計用アンテナ

スター・スキャナー この機器で決まった恒星の位置をはかることによって、マゼランは、最初は金星の表面を調べるための方向に、次はわかったことを無線で地球へ送るための方向に、正しく向くことができた。

マゼランは、初めてスペースシャトルから打ち出された惑星探査機だったんだ。

バス

サーマルブランケット マゼランが積んでいた、こわれやすい電子機器のほとんどは、太陽からの熱や光をはね返すために、金色にかがやくカバーでつつまれていた。太陽の光は地球よりも金星の周りの方がずっと強いからだ。

マゼランは、ボイジャーや木星探査機ガリレオなど、いくつかの宇宙探査機の予備の部品や残りものの部品からつくられたんだ。

✴ レーダー観測

地球から見ると、金星は厚い雲におおわれている。マゼランのレーダー信号はこの雲を通りぬけて、その下にかくれていた地形などのようすを教えてくれたんだ。マゼランの飛ぶ軌道はだ円形で、金星から最もはなれたときで8500キロメートル以上、最も近づいたときは300キロメートル以下のところを通った。マゼランは金星に近づくたびに、毎回軌道のちがう角度から、レーダーで金星の表面の細長い一部分（最大幅28キロメートル、長さ7万キロメートル）を調べ、画像をつくりだした。

この金星の画像は、レーダーからのたくさんのデータを使ってつくられた。

23

ハッブル宇宙望遠鏡

1990年、スペースシャトル・ディスカバリー号は、とてつもなく大きなペイロードを宇宙へ運んだ。ハッブル宇宙望遠鏡（HST）だ。ずっと働き続けている部品はわずかだけれども、今でも宇宙を飛び続けているんだ。なぜ、大型バスみたいに大きくて重さ11トンもある望遠鏡を、高さ580キロメートルの軌道にのせるんだろう？ 地球からでは、雲ひとつない夜でも望遠鏡はぼやっとかすむ大気圏を通して宇宙を見なければならない。でも、宇宙空間なら、いつでも暗くすみきっているからなんだ。

へえ、そうなんだ！
ハッブル宇宙望遠鏡は、アメリカの天文学者、エドウィン・ハッブル（1889〜1953年）にちなんで名づけられた。「宇宙は広がり続け、恒星や銀河はおたがいに信じられないようなスピードではなれている」というすごい発見をした人なんだ。

ハッブル宇宙望遠鏡の真ん中のつつ型の部分は、長さ13.2メートル、幅4.2メートル。

副鏡 主鏡よりも小さい鏡で、直径30センチメートル、重さは12キログラムだ。

宇宙望遠鏡は、早くも1940年代には計画されていた。でも、本当につくられたのは、ハッブル宇宙望遠鏡が最初なんだ。

開口ドア

太陽電池パネル 太陽電池パネルはおよそ8メートルの長さがあり、太陽の光を電気にかえて、ハッブル宇宙望遠鏡の機器のすべての電力をまかなっている。ハッブル宇宙望遠鏡が太陽から遠い側にいって地球のかげに入るのは、軌道を1周する97分間のうちの36分間。太陽電池パネルは、そのときのためにバッテリーに電気をたくわえることもしている。

✳ ハッブル宇宙望遠鏡の仕組み

ハッブル宇宙望遠鏡は、光を利用する光学望遠鏡の中でも「カセグレン反射望遠鏡」とよばれるものだ。光は望遠鏡のはしの入り口から入ってきて、おわんのように内側にカーブしている大きな主鏡ではね返る。するとその光が、今度は、ドームのように外側にカーブしている副鏡に向かっていき、はね返って主鏡の真ん中にあるあなを通って、センサーやその他の計測器の方に向かうという仕組みなんだ。

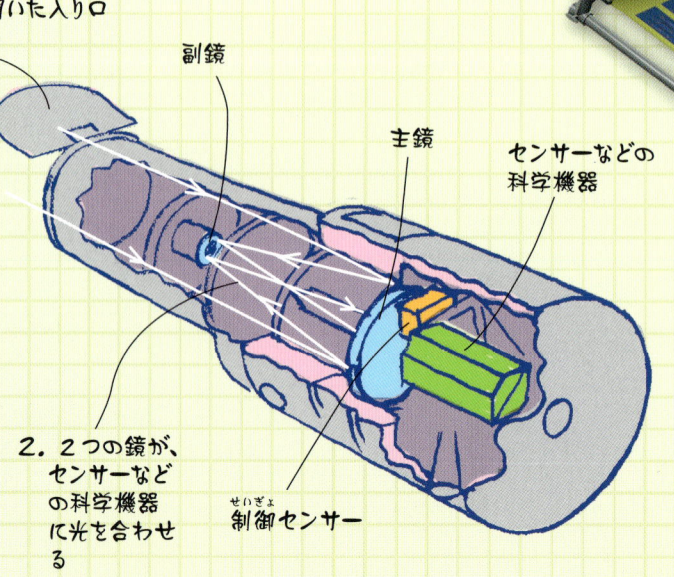

1. 光が、開いた入り口から入る
副鏡
主鏡
センサーなどの科学機器
2. 2つの鏡が、センサーなどの科学機器に光を合わせる
制御センサー

24

この先どうなるの?

「ハッブル」の後つぎは、「ウェッブ」、ウェッブ宇宙望遠鏡だ。打ち上げの予定は2012年より先で、主鏡は直径およそ6.5メートルになるだろう。

>>> 宇宙探査機・ロケット <<<

ハッブル宇宙望遠鏡は、たとえば「恒星はどうやって生まれるのか」といった天文学の大きななぞのいくつかを、科学者たちが解くのに役立った。それだけでなく、宇宙の大きさや形について今まで知らなかった新たななぞがあることも教えてくれたんだ。

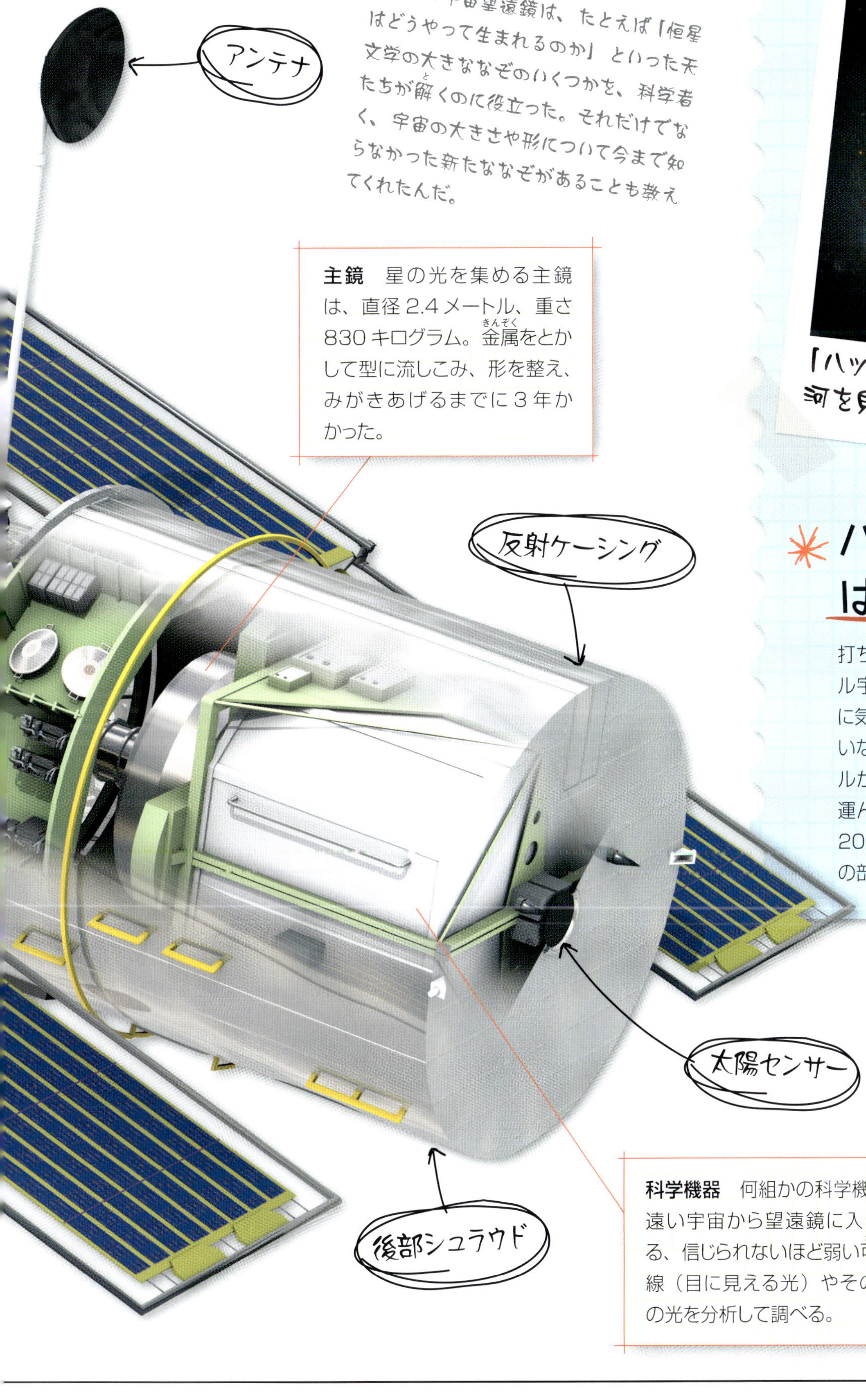

(アンテナ)

「ハッブル」は、遠くはなれた銀河を見ているんだ。

主鏡 星の光を集める主鏡は、直径2.4メートル、重さ830キログラム。金属をとかして型に流しこみ、形を整え、みがきあげるまでに3年かかった。

(反射ケーシング)

※ ハッブル宇宙望遠鏡は近視?

打ち上げてからすぐに、専門家たちは、ハッブル宇宙望遠鏡の画像が少しぼやけていることに気がついた。主鏡がきちんと正しい形をしていなかったからだ。1993年、スペースシャトルがそれをなおすために宇宙飛行士と機材を運んでいった。続いて1997年、1999年、2002年にも手を加えた。2009年、5回目の部品交かんの結果、寿命がまたのびた。

(太陽センサー)

(後部シュラウド)

ハッブル宇宙望遠鏡は、宇宙空間をおよそ秒速8キロメートルで動く

科学機器 何組かの科学機器が、遠い宇宙から望遠鏡に入ってくる、信じられないほど弱い可視光線(目に見える光)やそのほかの光を分析して調べる。

25

カッシーニ・ホイヘンス

土星は、わたしたちの地球がある太陽系の中で2番目に大きい惑星だ。太陽から数えて6番目で、その周りに目立つ輪があることでよく知られている。2004年7月、2つの探査機がつながったカッシーニ・ホイヘンスが、地球から土星に送られた4番目の探査機になった。周回機カッシーニが土星を回り、着陸機ホイヘンスがそこからはなれていって、土星の大きな月「タイタン」に着陸したんだ。

へえ、そうなんだ！

土星の持つその美しい輪は、1610年、新しく自分でつくった望遠鏡で観測していた、有名な科学者ガリレオ・ガリレイにその一部が初めて発見された。ガリレイは、土星の両側にただぼんやりとしたふくらみがあるようにしか見えなかったので、それを「土星の耳」とよんだんだ。

この先どうなるの？

2011年、アメリカは、ジュノーとよばれる探査機を土星のとなりの木星に送る計画をしている。木星は、太陽系の中で最も大きな惑星だ。ジュノーは、打ち上げ後5年で着く予定になっている。

地球と土星それぞれの軌道の関係で、地球とカッシーニとの間の無線信号は80分以上かかるんだ。

カッシーニ

カメラ カッシーニは、12台のカメラとそのほかの科学機器を積んでいる。わたしたちの目のように、可視光線（目に見える光）を見る機器もあれば、赤外線や紫外線を調べる機器もある。

パラシュートがおりる速さをおそくした

熱シールドが大気圏突入のときにホイヘンスが燃えるのをふせぎ、その後、切りはなされた

最初に大きいパラシュートが開き、次に小さいパラシュートが開いておりる速さをおそくした

ホイヘンスがタイタンに着陸

 ホイヘンスの着陸

2004年12月25日、ホイヘンスはカッシーニをはなれ、巨大な月タイタンに向かっておりる、21日間の旅に出た。タイタンは、わたしたちがふだん見ている月の1.5倍の大きさで、ほかの多くの月とちがって大気がある。この大気圏を通っておりていく間、ホイヘンスは直径2.5メートルの熱シールドで守られていた。これは熱くなるのをふせぎ、おりる速さをおそくする働きもかねたんだ。また、速さをおそくするためにパラシュートも使われた。最初に直径8.3メートルの大きいパラシュートが開き、次にそれより小さい直径3メートルのパラシュートが開いた。大気圏突入を始めてから2時間半後、ホイヘンスはついにタイタンの表面にドシンと着陸した。そして、今でも調子よく働き続けているんだ。

レーダーベイ マゼランと同じように（P22も見てみよう）、カッシーニは電波を利用するレーダーでタイタンの地表を調べている。また、遠い宇宙からの自然の電波信号もキャッチしている。

電源装置 3つの原子力電池（P18も見てみよう）が、放射性プルトニウムを使ってカッシーニの電力をつくり出している。

>>> 宇宙探査機・ロケット <<<

✳ 未知の天体タイタンをさぐる

タイタンに向かっておりていく2時間半の間と、着陸後1時間以上の間、ホイヘンスの6組の観測機器が、タイタンの写真や様子を知る手がかりを集めた。カメラは750枚以上の写真をとり、センサーは大気や風を調べた。その内容のほとんどが土星を回っているカッシーニに無線で送られ、そこからまた地球に送られた。ホイヘンスからのかすかな信号の中には、地球にある巨大な電波望遠鏡でじかに受けとられたものもあるんだ。

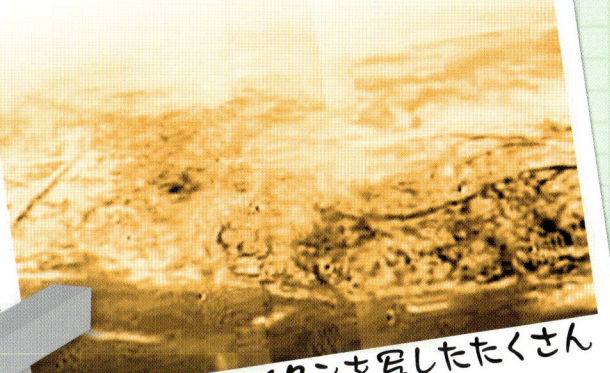

ホイヘンスがタイタンを写したたくさんの写真より

直径4メートルのメインアンテナ

磁力計 11メートルのブームに取りつけられている磁力計は、土星の磁気をはかり、それが土星の輪にどのように関係するかを調べている。

土星に行くとちゅう、カッシーニ・ホイヘンスは4回の重力アシスト（スイングバイ）を利用したんだ。金星の重力で2回、地球の重力で1回、そして木星の重力で1回だ。

周回機カッシーニの名前は、イタリア出身のフランスの天文学者で、科学者でもあるジョヴァンニ・ドメニコ・カッシーニ（1625～1712年）にちなんで名づけられた。土星の月のうちの4つと、土星の輪の間にすきまがあることを発見した人だ。このすきまには、「カッシーニの間隙」と名まえがついているんだ。

ホイヘンスの電子機器 ホイヘンスが積んでいる機器のほとんどが、土星に着くまでの6年半の間、活動しないで"ねむっていた"。でも、かんたんな点検のため、6カ月ごとに地球の飛行管制官に"起こされていた"。

ホイヘンス：分解図

フロント熱シールド / 後方コーン / バックカバー / 前方ドーム

ホイヘンス 円ばんの形をしたホイヘンスは、直径わずか1.3メートルの大きさだが、重さが318キログラムもあり、カッシーニのわきのところにボルトでとめてあった。

着陸機ホイヘンスは、オランダ人天文学者で、多方面でかつやくした科学者のクリスティアーン・ホイヘンス（1629～1695年）の名前にちなんでいる。土星の輪がリング型であることを発見し、また数ある土星の月のうち、一番大きい月タイタンを発見した人だ。

スピリットとオポチュニティー

火星への宇宙飛行の半分以上は失敗だった。すばらしい成功をおさめたのは、アメリカのマーズ・エクスプロレーション・ローバー（MER）という火星探査車なんだ。2003年の6月と7月、2機のロケットがふたごの探査車スピリットとオポチュニティーを打ち上げた。この2台は、はなれたところから操作できるロボット車で、次の年の1月、3週間の差でそれぞれ火星に着陸した。そのときからずっと、写真をとったり、様子を知る手がかりを集めたりしながら、火星の上をごろごろと動き回り続けているんだ。

へえ、そうなんだ！

火星の地表には、地球から送られた宇宙探査機が他のどの惑星よりもあるんだ。おもな火星探査機：
◆マルス2号と3号（1971年）
◆バイキング1号と2号（1976年）
◆マーズ・パスファインダーと探査車ソジャーナ（1997年）
◆探査車スピリットとオポチュニティー
◆ビーグル2（たぶん、火星にある。P31も見てみよう）
◆フェニックス（2008年、右のページも見てみよう）

この先どうなるの？

ロシアと中国には、フォボス・グルントとよばれる宇宙飛行計画がある。火星の小さな月フォボスに行き、そこの岩石のサンプルを持って帰ることをめざしている。

ナブカム 探査車のマストの上には、岩石や大きな石やくぼみを見る2台のナブカムなど、いくつかのカメラがついている。

太陽電池パネル 火星の時間で最高4時間、電気をつくり出す（火星の1日は、地球の1日よりも37分長い）。

表面放熱器

✻ パンカムの仕組み

ふたごのパノラマ式カメラ「パンカム」は、探査車のマストの先のナブカムの上に取りつけられ、広いはんいを見わたせるように、回転したりかたむきを変えたりする。パンカムは、形や色をくわしく見分けることができるんだ。2つのカメラはそれぞれややちがう角度から写していて、これは「立体視」として知られている。この2つのながめから、探査車のコンピューターは見たものとの距離がわかる。つまり、ちょうどわたしたちの目と脳のようなものなんだ。

ふたごのカメラのおかげで立体的に見ることができる

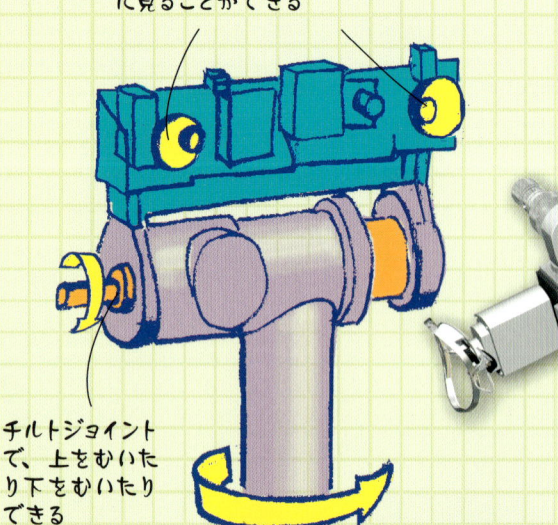

チルトジョイントで、上をむいたり下をむいたりできる

スイベルジョイントで、360度回転することができる

ロボットアーム 長いアームには5つの小さな機器がついている。ものを大きく写すための小さなカメラ、磁石、岩や石をけずる機械などだ。

2台の探査車の名前は、エッセイコンテストで、9歳のソフィ・コリンズという女の子がつけたんだ。

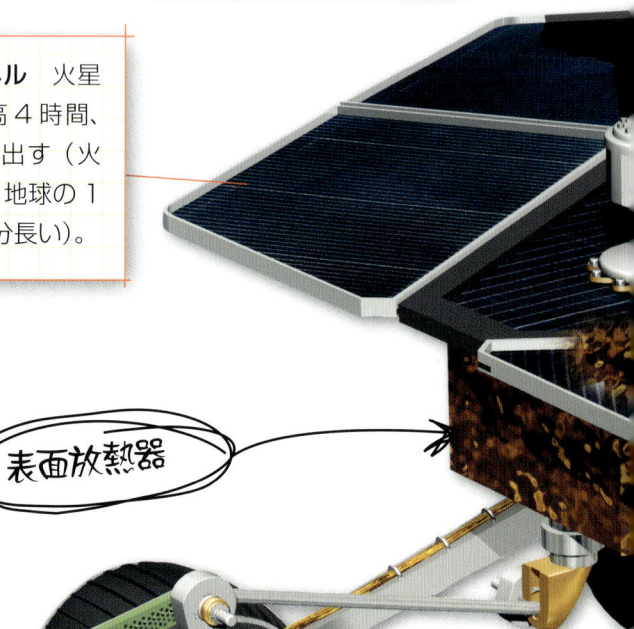

>>> 宇宙探査機・ロケット <<<

探査機フェニックスの宇宙飛行

スピリットとオポチュニティーは、おたがい火星の反対側のところで働いている。そして、火星の一番上の北極の近くには、もう1つの探査機フェニックスがあるんだ。地球から6億8000万キロメートルの旅をして、2008年5月に火星へ着陸した。フェニックスは、ドリルとスコップのついた長さ2.3メートルのロボットアームで、火星の地面や岩石を調べている。フェニックスの目的のうちの2つは、火星に水がある（あるいは前にはあった）かどうかを調べることと、生物がいる（いた）かどうかを調べることなんだ。

火星の地表にあるフェニックス

フロントハズカム
車が動くときにきけんをさけるためのカメラは、前後に2台ずつあり、小石などのきけん物をみつけるため、低いところを広く見わたすことができる。

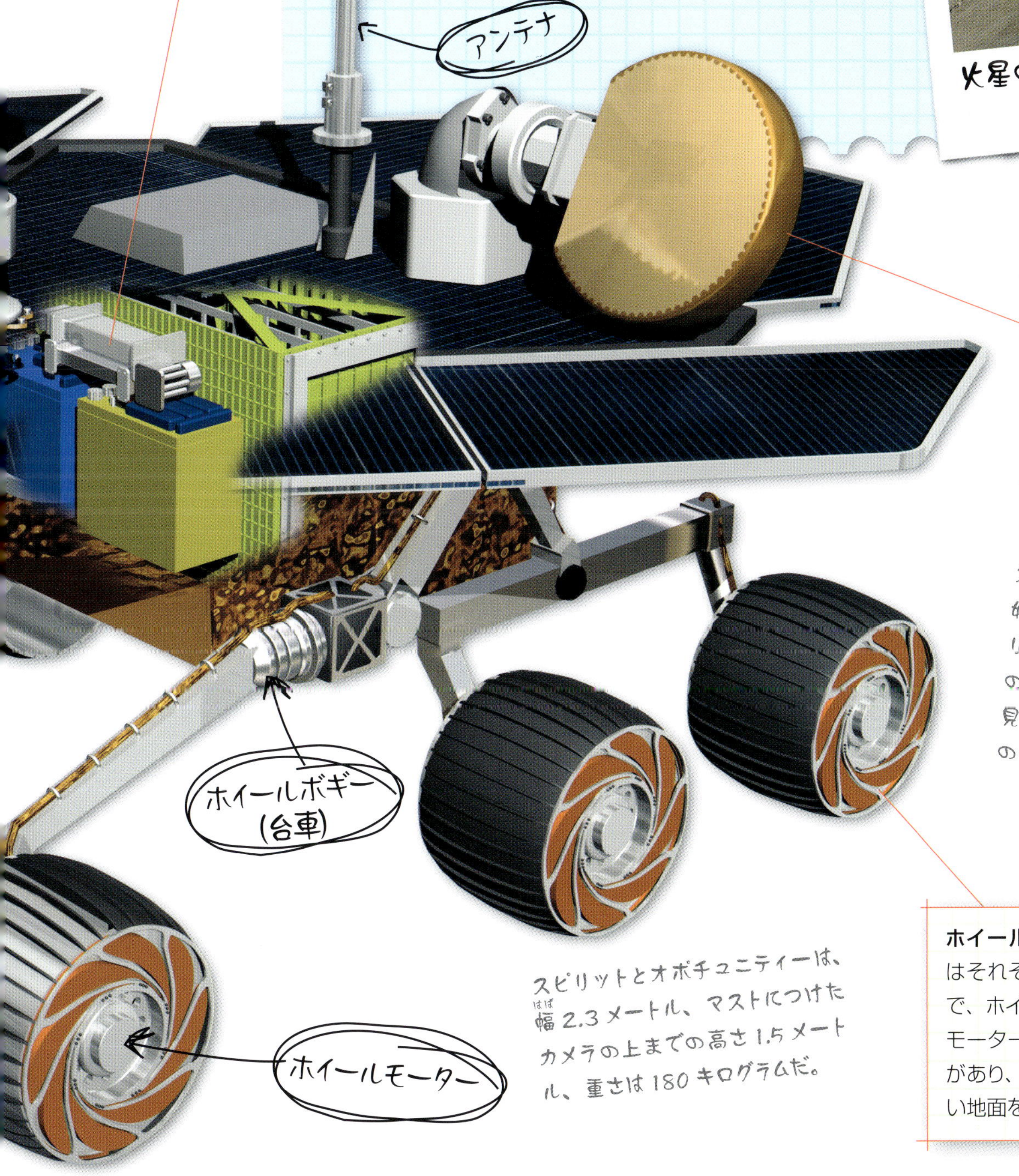

アンテナ

メインアンテナ 皿型のアンテナは、指令を受けるとぐるっと回って地球の方を向き、調べたことを無線信号で地球に送り返す。

ホイールボギー（台車）

スピリットが着陸機から出て動き始めたとき、科学者たちは、スピリットのカメラに直径9メートルの小さなクレーターがうつるのを見て、「スリーピーホロウ（ねむりのくぼ地）」と名づけたんだ。

ホイールモーター

スピリットとオポチュニティーは、幅2.3メートル、マストにつけたカメラの上までの高さ1.5メートル、重さは180キログラムだ。

ホイール（車輪） 6つのホイールはそれぞれ直径25センチメートルで、ホイール自体についている電気モーターで動く。みぞとすべり止めがあり、すべりやすい岩ややわらかい地面をしっかりととらえる。

ビーナス・エクスプレス

それぞれの宇宙機にはかぎられた「打ち上げ可能時間帯」、つまり打ち上げによいときというものがある。これはたとえば、ロケットの打ち上げによい天気か、目的地の惑星や月が地球から一番よい位置にあるかなど、たくさんのことによって決まるんだ。金星探査機ビーナス・エクスプレスは、あやうくこの「打ち上げ可能時間帯」をのがすところだった。もう、まにあわないのではという2005年11月、地球を飛び立ったんだ。それでも、ビーナス・エクスプレスは金星を回る軌道にどうにかのった。2006年5月のことだった。

へえ、そうなんだ！
ビーナス・エクスプレスは、金星のおどろくような「温室効果」についてたくさんのことを発見した。この「温室効果」は、金星の大気中の二酸化炭素が原因でおこっている（二酸化炭素は、この地球でも地球温暖化ガスの中心となるものなんだ）。

この先どうなるの？
日本は、2010年に「あかつき（PLANET-C）」とよばれる金星探査機を打ち上げる。金星でおこるかみなりや火山について研究することになっているんだ。

金星は、太陽系の中でずばぬけて熱い惑星だ。真夏の暑い日には480℃になることがあるんだ！

金色のサーマルブランケット
宇宙探査機は、太陽のものすごく強い熱から機体を守るため、「多層断熱材（MLI）」とよばれる23層のシートでおおわれているものが多い。

ビーナス・エクスプレスは、火星探査機マーズ・エクスプレスをもとに開発されたもので、似たような部品をたくさん使っている。チュリュモフ・ゲラシメンコすい星を調べるために打ち上げられた探査機ロゼッタからも、予備の部品をもらっているんだ。

太陽電池パネル
金星は地球よりもずっと太陽に近い。この太陽電池パネルは、2倍の光エネルギーに対応できるようにつくられている。地球で使われている太陽電池パネルでは、太陽のものすごい光で熱くなりすぎてしまうからだ。

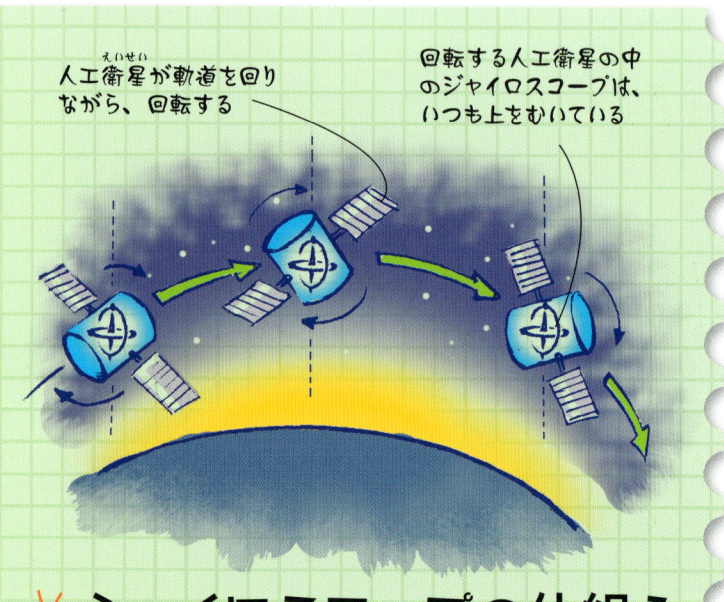

✹ ジャイロスコープの仕組み

動いているものは、速さをゆるめたり、方向を変えたりするような力が働かないかぎり、その動きを続ける。ジャイロスコープは、じくを中心にとても速く回転する重い輪やボールなど、こまのようなものだ。ものすごく大きな運動エネルギーを持っていて、かたむいたり、姿勢が変わったりすることにさからおうとする。人工衛星の中では、電気で動くジャイロスコープがブーンという音をたてながらずっと回り続けていて、人工衛星が回転しても、進む方向を変えても、いつも同じ姿勢をたもっている。ジャイロスコープと人工衛星との角度をはかることで、人工衛星の向いている方向がわかるんだ。

宇宙探査機・ロケット

アンテナ 直径1.3メートルのメインアンテナは、金星の大気圏を調べ、地球と通信した。

ビーナス・エクスプレスのバスは、同じような探査機とくらべてとても小さい。長さ1.8メートル、高さ1.4メートルしかないんだ。

ジャイロスコープ

ロケットエンジンとスラスタ 惑星の軌道にのせるときなど、探査機の進むコースを大きく変えるには、メインロケットエンジンが使われる。スラスタは、進む方向を少し変えるときなどに使われる。

多くの探査機が、スタートラッカーとよばれるかんたんなカメラを積んでいる。これは星の光の正しい位置をさがすものだ。そのパターンを読み取って、探査機に積まれているコンピューターが探査機の位置や角度やコースを計算するんだ。

姿勢制御用スラスタ

※ ゆくえ不明の探査機

1966年、ソ連のベネラ3号は、地球以外の惑星に着陸した、初めての宇宙機になった。でも着陸後、まったく通信ができなかった。たぶん、着陸のときに地面にぶつかってこわれたか、金星のぶ厚い大気によって、くしゃくしゃに丸めたボールのようになってしまったのだろう。2003年、火星周回機マーズ・エクスプレスから着陸機のビーグル2号が打ち出されたときも、れんらくがとれなくなった。ビーグル2号がどうなったかは今でもなぞなんだ。いつの日か、人間が火星に出かけて、こわれたビーグルの機体やかけらをみつけるかもしれない。

ビーグル2号は、こんなふうに着陸したはずだが…

スペースシップワン

エックスプライズは、科学技術分野での大きな進歩にたいしておくられる賞だ。1996年、「2週間のうちに2回、3人の人間を宇宙に運ぶことができる宇宙機」に、アンサリ・エックスプライズという賞をおくると発表された。ただし、もらえるのは民間の宇宙機、つまり、グループや会社がつくったもので、政府や国がつくったのではないものにかぎられた。2004年、アメリカのカリフォルニア州にあるスケールド・コンポジッツ社によって開発されたスペースシップワンが、アンサリ・エックスプライズを勝ち取った。賞金は1000万ドル（およそ10億円前後）もの大金だった。

へえ、そうなんだ！

ペガサスは、初めての民間（政府がつくったものではない）ロケットで、オービタル・サイエンシズ社がつくった固体燃料ロケットブースターだ。ペガサスはこれまで40回以上打ち上げられたが、1990年におこなわれた第1回目の打ち上げでは、2機の人工衛星を運んでいった。スペースシップワンとはちがって、人間は一度ものせていないんだ。

この先どうなるの？

スペースシップワンは、もっと大きい世界初の"宇宙定期便"スペースシップツーのさきがけだった。スペースシップツーは、お客さんを定期的に宇宙旅行に連れて行くことになっていて、宇宙旅行会社のヴァージン・ギャラクティック社が運営する予定なんだ。

スペースシップワンは、宇宙飛行が終わるとすぐ飛ぶのをやめ、今はアメリカのワシントンDCにある、スミソニアン学術協会の国立航空宇宙博物館にかざられている。

パイロット スペースシップワンは、3回おこなった宇宙飛行で、パイロット1人しかのせていなかったが、3人の人間をのせるのに十分な広さとパワーを持っていた。のる人は、宇宙服を着る必要はなかった。

操縦 パイロットがおこなう操縦は小さな飛行機ととてもよく似ていて、操縦かん、つまり「ジョイスティック」と、2つの方向舵用ペダルでおこなわれた。

酸化剤タンク
舷窓

✱ フェザリングの仕組み

スペースシップワンには、再突入の間、スピードを落として姿勢を安定させる、新しい方法が使われた。翼の外側の部分をはね上げて、空気がじゃまするのをへらすこと、つまり「フェザリング」をしたんだ。その結果、スペースシップワンは、熱にたえられるようにできた機体の下の面を進む方向に正しく向けながら、急な角度でおりてくることができた。この仕組みは、スペースシップワンがかたむいたり、回転したりするのを止めることにもなった。最後にグライダーのようにおりてきて着陸するため、翼の外側部分は元にもどるんだ。

大気のない宇宙では、方向舵とエレボンは使わなかった
おりるコースは急な角度だ
機体の下の面は、再突入で生まれる熱にたえた
テールブームの後ろの一部が上むきにはね上がった

グライダーのように飛ぶテスト飛行の後、エンジンを使った最初の飛行が2003年の12月17日におこなわれた。それは、ライト兄弟の初飛行からちょうど100年目の日だったんだ。

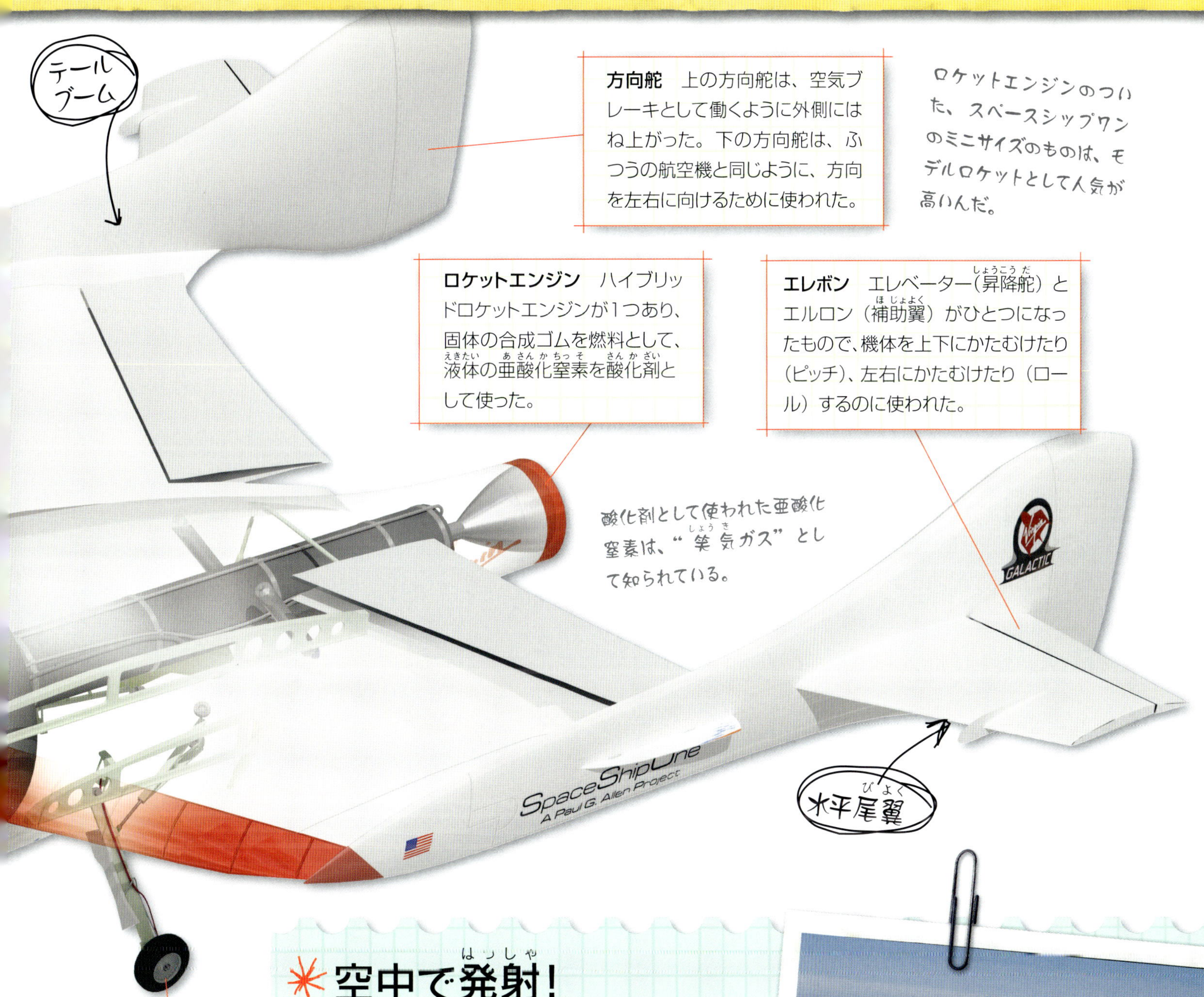

>>> 宇宙探査機・ロケット <<<

テールブーム

方向舵 上の方向舵は、空気ブレーキとして働くように外側にはね上がった。下の方向舵は、ふつうの航空機と同じように、方向を左右に向けるために使われた。

ロケットエンジン ハイブリッドロケットエンジンが1つあり、固体の合成ゴムを燃料として、液体の亜酸化窒素を酸化剤として使った。

エレボン エレベーター（昇降舵）とエルロン（補助翼）がひとつになったもので、機体を上下にかたむけたり（ピッチ）、左右にかたむけたり（ロール）するのに使われた。

ロケットエンジンのついた、スペースシップワンのミニサイズのものは、モデルロケットとして人気が高いんだ。

酸化剤として使われた亜酸化窒素は、"笑気ガス"として知られている。

水平尾翼

着陸装置 着陸のほんの少し前に、メインの2つの車輪とノーズスキッドがばねで機体からはじき出た。

スペースシップワンには、2004年10月4日にエックスプライズがおくられた。それは、世界初の宇宙機スプートニク1号が打ち上げられた日からちょうど47年目の日だった。

✱ 空中で発射！

スペースシップワンは、自分の力では地上から飛び立てない。空の上で発射するため、ホワイトナイトとよばれる、特別につくられた輸送機が高さ1万5000メートルまでつれていったんだ。ホワイトナイトは、J85-GE5というジェットエンジンを2つ持っていて、はじからはじまではかると15メートルになる細長い翼があった。スペースシップワンは翼の長さが5メートルで、発射されるときは3.6トンの重さがあった。ロケットエンジンが80秒間燃焼すると、地上100キロメートルをちょうどこえる高さまで上がった。でも、スペースシップワンは一度も地球の軌道にのったことはない。つまり、上がって少し飛んだらまた下にもどるという、"ミニ宇宙旅行"だったんだ。

ホワイトナイトがスペースシップワンを空高く運んでいく。

33

国際宇宙ステーション

地球の軌道を回り、人間が数日あるいは数週間すごせる宇宙ステーションは、1971年から始まったソ連のサリュートが世界初で、アメリカのスカイラブは1973年に打ち上げられた。それらよりももっとずっと大きかったのがソ連のミールだ。1986年に打ち上げられ、2001年に無人で大気圏に再突入して燃えつきるまで、ずっと宇宙にあったんだ。現在、宇宙にあるたった1つの宇宙基地が、国際宇宙ステーション（ISS）。1998年から宇宙での組み立てが始められ、2010年くらいに完成する予定なんだ。

へえ、そうなんだ！

国際宇宙ステーションは、別々に計画された3つの宇宙基地打——アメリカの「フリーダム」、ロシアの「ミール2」、ヨーロッパ宇宙機関の「コロンバス」——をつなげる、という考えから始められたんだ。

この先どうなるの？

国際宇宙ステーションは、少なくとも2020年まで使われる予定になっている。月面基地建設の計画もあるけれども、まだいつになるかわからない。

国際宇宙ステーションは、時速2万7700キロメートルで、地球の軌道を24時間におよそ16回回っている。

✳ 太陽電池パネルの仕組み

太陽電池パネルには、ボタンくらいの大きさの光電池が何千とならんでいる。その一つひとつが太陽の光エネルギーを取りこんで、電気にかえるんだ。電流は、制御装置を通じてバッテリーにたくわえられる。国際宇宙ステーションが、地球の軌道のうち太陽側の半分を回っている間、残り半分を回るときに使えるように、このような充電がおこなわれるんだ。

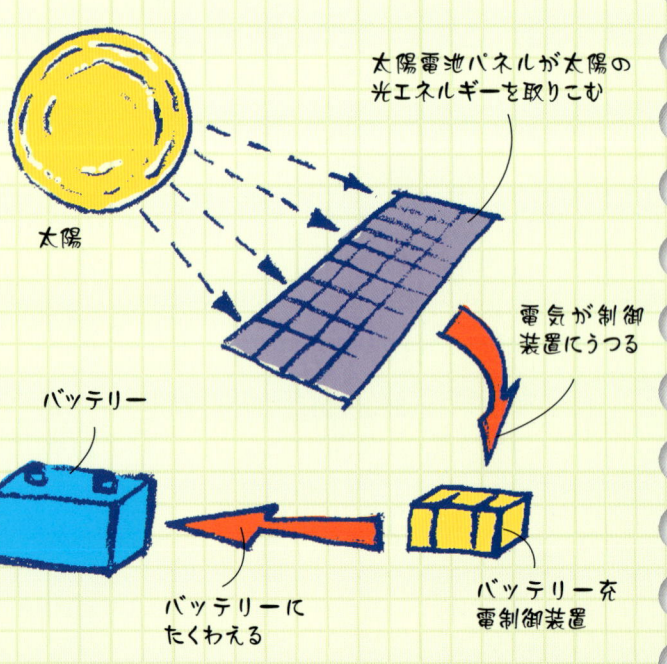

太陽　太陽電池パネルが太陽の光エネルギーを取りこむ　電気が制御装置にうつる　バッテリー　バッテリーにたくわえる　バッテリー充電制御装置

エアロック！

ソユーズ　国際宇宙ステーションには、たとえば中にいる人が病気になるなど、もしもの場合の"救命ボート"として、少なくとも1機のロシアの宇宙船ソユーズが、いつでもドッキングしている。ソユーズは、打ち上げから国際宇宙ステーションを追いかけてドッキングするまでにおよそ2日間かかるが、地球にもどるときは4時間以内に帰れる。

国際宇宙ステーションは、地球から高さ275～425キロメートルのはんいで軌道を回っている。空のどのあたりを見ればよいか知っていれば、何の道具を使わなくても地球から見えるんだ！

>>> 宇宙探査機・ロケット <<<

✱ 宇宙生活をささえるもの

生活に必要な基本的なものはすべて、宇宙機によって地球から国際宇宙ステーションに運んでこなければならない。運ぶのは、アメリカのスペースシャトルやロシアのソユーズといった乗組員がいる宇宙船と、ロシアのプログレスやヨーロッパのATV（1号機はジュール・ヴェルヌ）といった無人"ロボット"宇宙機だ。持って行くものには、水や食べ物だけでなく呼吸に使われる空気までもがふくまれている。でも、リサイクルもたくさんおこなわれているんだ。空気はフィルターできれいにされ、電子機器で水からできたての酸素をつくり出している。実のところ、シャワーや流しで使われた水や、宇宙飛行士のはいた息やおしっこからとれる水分まで、すべてリユース（再利用）されているんだ……もちろん、きれいにしてからだ。

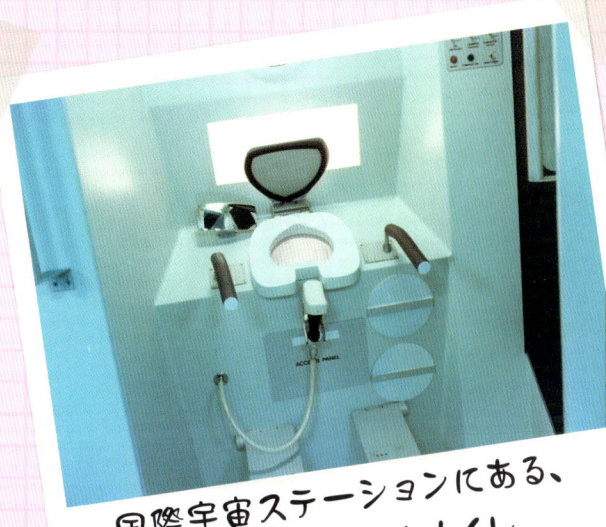

国際宇宙ステーションにある、最新技術が使われたトイレ

カナダアーム2 はなれたところから操作できる、このロボットアームは、長さが18メートル近くあり、メイントラスにそってついているレールの上を動いて、装置だけでなく宇宙遊泳する飛行士も動かす。

太陽電池パネル 太陽電池アレイともよばれる太陽電池パネルは、国際宇宙ステーションが軌道を回るとき、回転して太陽の方向に向く。1まいのパネルは長さ約34メートルだ。

メイントラス メイントラスは、ほかのモジュールや部品などすべてが取りつけられている、国際宇宙ステーションの"せぼね"のようなものだ。S1やP6といったコードネームがついた、トラスセグメントとよばれる、およそ12のモジュールでできている。

P1トラスセグメント

スペースシャトル 地球からやってきた宇宙機は、国際宇宙ステーションのドッキングポイントでドッキングする。つなぎ目は、乗組員がエアロックを通ってステーションに入れるように、ぴったりと閉じてある。

国際宇宙ステーションは、地上からの高さが1ヵ月に約2000メートル下がる。だから、ステーションにやってくる宇宙機の小さなロケットブースターで、また元の高さにおし上げなければならないんだ。

35

用語解説

アンテナ
無線信号やマイクロ波などの電波を送り出したり、受けとったりする、通信システムの一部。はり金やムチのように細長い形や、おわんや皿のようにふちのまがった形をしていることが多い。

打ち上げ可能時間帯
宇宙飛行計画の打ち上げがおこなえる、かぎられた時間のはんい。たとえば、目的地の惑星の位置が遠すぎるなどの理由で、この期間の前でも後でも計画はおこなえない。

打ち上げ機
宇宙飛行計画の中で、宇宙機を打ち上げ、宇宙空間まで持ち上げるもの。ふつう「ロケット」のことをさす。

宇宙機
宇宙空間ではたらく機械。人工衛星、探査機、有人宇宙船、宇宙ステーションなどがふくまれる。打ち上げ機のロケットはふくまないことが多い。

宇宙ステーション
宇宙空間にある基地。ふつう、地球の軌道にのって回っている。人々が数週間、数カ月、あるいは数年の間、その中で生活し働いている。

宇宙探査機
遠くはなれた地球から操作する、無人の宇宙機。ふつう、かなり遠い宇宙に向かう長い道のりの飛行計画に使われるものをさす。

衛星
ある天体の周りを回る、別の天体のこと。たとえば、月は地球を回る自然の衛星である。人間がつくった人工衛星、中でも地球を回るもののことをさすことが多い。

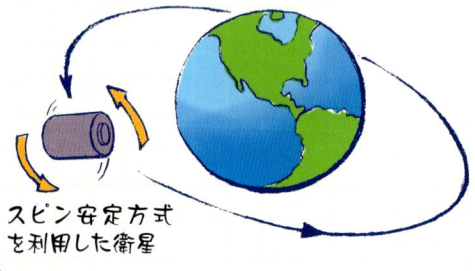

スピン安定方式を利用した衛星

エレボン
テールがなく機体全体が翼の形をした航空機や宇宙機の動翼（機体の動きや姿勢を調整する翼、またはその一部）。エレベーター（機体を上下にかたむけるかじ）とエルロン（機体を左右にかたむける翼の一部）とが1つになっている。

外惑星
太陽系のうち、地球よりも太陽から遠い軌道をめぐる惑星。火星・木星・土星・天王星・海王星の5つをさす。反対に、水星・金星は内惑星という。

軌道
地球を回る人工衛星、太陽を回る地球などのように、天体の周りをそれより小さなものが回るときのカーブした道すじ。軌道の形には、円形、だ円形、なみだのしずくの形などがある (P8 も見てみよう)。

原子力電池
ある物質から出る放射性のエネルギーを電気にかえる機器 (P18 も見てみよう)。

光学望遠鏡
電波などではなく、光を使って天体などを観測する仕組みを持った望遠鏡。

恒星
熱や光を放つとても大きな天体。地球に最も近い恒星は、太陽である。

再突入
宇宙機が宇宙空間からもどり、惑星や月の周りにある大気圏にふたたび入ること (P12 も見てみよう)。

作用・反作用の法則
あるものが他のものに力をおよぼすとき、それとは逆向きで大きさの等しい力がいつもはたらくという自然法則。

ジャイロスコープ
回転するものがその回転を続けようとして、姿勢を安定させ、動いたりかたむいたりするのをこらえる性質を利用した装置。運動

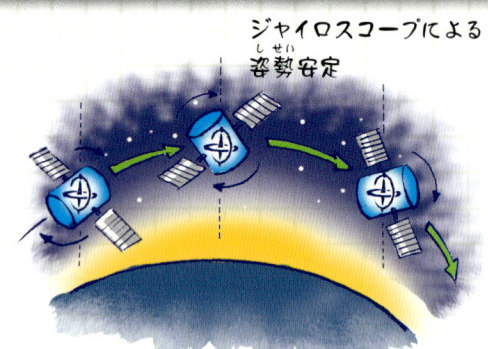

ジャイロスコープによる姿勢安定

の速さや方向などをはかるのに使われる。わくの中でとても速く回る、ボールや車輪でできている (P30 も見てみよう)。

周回機（オービター・軌道船）
天体を回る軌道にのる宇宙機。アポロの司令船、スペースシャトルのオービター、土星探査機カッシーニなど。

重力
すべての物体がその大きさにかかわらず持っている、自然にある引っぱる力（引力）。物体の大きさが大きいほど、その重力も大きくなる。

磁力計
惑星の磁場など、そこにある磁力（磁石が引き合ったり反発し合ったりする力）をはかる科学機器。

推力
ものを前におし進ませる力。たとえば、ロケットエンジンが燃焼ガスをふき出して宇宙機を動かす力など。

スラスタ
宇宙機の姿勢や進む方向を調節するために使われる、ガスをふき出す小さなノズル。

赤外線
可視光線より波長が長く、目に見えない光の1つで、ものをあたためる効果がある。

大気圏
惑星のように、とても大きな天体の周りを取りまく、気体がかさなったところ。天体の表面からはなれるにしたがってうすくなっていき、何もない宇宙空間になる。

宇宙探査機・ロケット

太陽電池パネル（ソーラーパネル）
太陽の光を直接、電気にかえる機器。ほとんどの人工衛星や地球に近いところにいる探査機で使われている（P18 も見てみよう）。

多段式ロケット
何段かに分かれるロケットで、打ち上げ機として使われる。1段目が終わったら2段目というように、次々と点火し燃焼する。それぞれの段は、燃料を使い切ると切りはなされて落ちる（P10 も見てみよう）。

脱出速度
天体の重力という引く力からのがれて、宇宙空間に行くために必要となる、最小限の速さ（P9 も見てみよう）。

探査車
宇宙の天体の表面を動き、調査をする車。月面着陸した宇宙飛行士が使った「月面車」や、遠くはなれた地球からの指令で動いた、無人火星探査車「スピリット」などがある。

着陸機（着陸船）
周回機からはなれて天体に着陸する宇宙機。探査機であることが多い。

追せき基地
皿型のパラボラアンテナなど、無線受信機（無線を受ける機械）があるしせつ。宇宙機から送られてくる電波をさがし当て、その宇宙機が進むコースを追っていく（P11 も見てみよう）。

月
土星の周りを回るタイタンのように、惑星を回る天体はみな「月」である。ふつうわたしたちが「月」とよんでいるのは、地球という惑星を回っている天体をさしている。

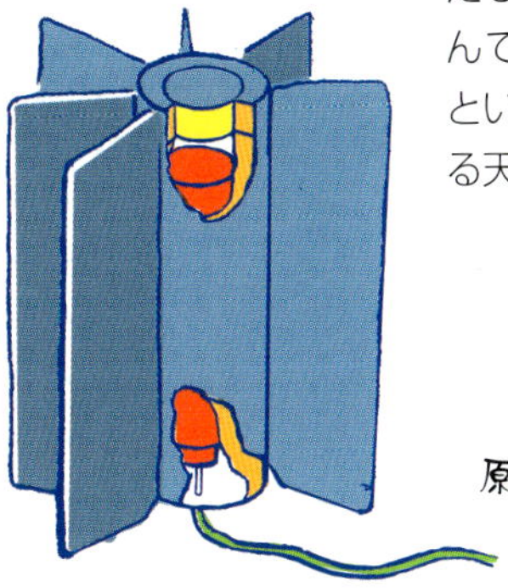

原子力電池

電波望遠鏡
光学望遠鏡のように光を使うのではなく、マイクロ波などの電波を使って天体を観測する仕組みを持った望遠鏡。

トランジスタ
電気の流れをふやしたりへらしたり、「流す・止める」のスイッチとして働いたりする電子部品。

熱シールド
宇宙から大気圏に入るとき、突入や再突入で生まれる熱をやわらげたり、ふせいだりするのに使われる、宇宙機の特別な部品。

燃焼室
いきおいのある、圧力の高い高温のガスをつくり出すために、燃料が燃える部屋のような部分。ロケットエンジンの中などにある。

ノズル
気体や液体が調節されながら通る部分。ロケットエンジンやスラスタにある。

バス
宇宙探査機や人工衛星などのような宇宙機の中心となる本体部分。そこに、その他の部分やモジュールが取りつけられている。

ブースター
推力をさらにふやすための補助ロケット。惑星の地面からロケットを打ち上げるときや、軌道をはなれて遠い宇宙へ行くときなどに使われる（P20 も見てみよう）。

ペイロード
たとえば、人工衛星や宇宙探査機など、宇宙飛行計画のとき積んでいくさまざまな荷物のこと。打ち上げ機（ロケット）が宇宙へ運んでいくもの。

方向舵
航空機や宇宙機の進む方向や姿勢を調節するためについた、機体の表面にある一部分。ふつう、機体の後ろ部分についていて、左右に方向を変えるために使われる。

スペースシップワン

モジュール
宇宙機のバスやそのほかのまとまった部分。たとえば、無線に使う機材を積んだ部分、電池を積んだ部分、望遠鏡のような科学機器をおさめている部分など。

レーダー
電波などを送り出し、ものにはね返って元にもどってくることを利用して、ものがそこにあることをさがし出す仕組み（P22 も見てみよう）。

ロケット
機体に積んである酸化剤（酸素をたくさんふくんだ化学物質）を使って燃料をもやす、エンジンやモーターの形式。熱いガスをふき出して推力を生む。このロケットエンジンを持つ打ち上げ機全体をロケットとよぶことも多い。

惑星
恒星の周りを回る、とても大きな天体。たとえば、恒星である太陽の周りには、地球をふくむ、8つの惑星がある。

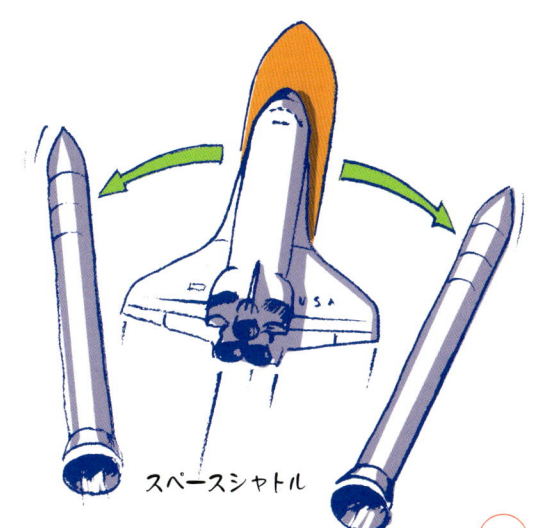

スペースシャトル

● 著者
スティーブ・パーカー
科学や自然史の書籍を数多く執筆・監修しており、その数は200冊をこえる。
動物学理学士の学位取得。ロンドン動物学会のシニア科学会員。

● イラストレーター
アレックス・パン
350冊以上の書籍でイラストを描いている。高度なテクニカル・アートを専門とし、各種の3Dソフトを使って細部まで描き込み、写真のような精密なイラストを作りあげている。

● 訳者
上原昌子
（翻訳協力：トランネット）

最先端ビジュアル百科 「モノ」の仕組み図鑑 ❶

宇宙探査機・ロケット

2010年5月25日　初版1刷発行

著者／スティーブ・パーカー　　訳者／上原昌子

発行者　荒井秀夫
発行所　株式会社ゆまに書房
　　　　東京都千代田区内神田 2-7-6
　　　　郵便番号　101-0047
　　　　電話　03-5296-0491（代表）

印刷・製本　株式会社シナノ
デザイン　高嶋良枝
©Miles Kelly Publishing Ltd　Printed in Japan
ISBN978-4-8433-3343-3 C8650

落丁・乱丁本はお取替えします。
定価はカバーに表示してあります。